無知者

漫畫家與釀酒師
為彼此啟蒙的故事

LES IGNORANTS
récit d'une initiation croisée

Étienne Davodeau

作者 ──艾堤安・達文多
譯者 ──陳蓁美

第一章

CHAPITRE UN

剪枝吧

（以及印刷廠一日遊）

你知道葡萄樹
是藤蔓植物吧。

藤蔓植物？

沒錯，葡萄樹是藤蔓
家族的成員，記住這一
點，不然它會脫離你的
掌控，那就完了。

不過，
剪枝不是亂
剪，而是要有
計劃地掌握葡
萄樹。現在是
冬天，葡萄樹
都睡了，不過
你得想像到了
夏天會長成
什麼樣子，
了解嗎？

唔…

還得預測樹枝的路線，也要想到怎麼讓葡萄樹長出和諧的形狀，而且要讓空氣流通，葡萄樹才能吹到風，也照到陽光。

最多只能留下四、五個芽眼。

就這樣？

還有。

更重要的是，要讓每株葡萄樹都沿著中心軸線長成燭台的形狀…

這樣曳引機駛過時才不會傷到。

了解嗎？來，試試看！

像這樣嗎？

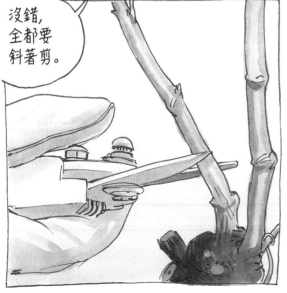

沒錯，全都要斜著剪。

我們開始吧！中午前剪完四排。

希望能達成使命。

比你的畫桌更振奮人心, 是吧?

哈哈哈!

你的葡萄樹多大了?

一九六〇年代種下的。

所以, 這些樹也算是我們的同輩嘍。

咦?真的哩!

我們一樣大…

哈哈哈!

我從來沒想過!

看起來還不錯？

嗯，顏色偏紅了些？

我可以到處逛嗎？

當然可以。我和法畢安、艾堤安都會待在機台前，回頭見。

我忙著校正印刷色差，幾乎忘了酒農。

他自個兒在吵雜的廠房裡逛。

盯著紙張瘋狂的路線。

聞一聞油墨溫熱的氣味。

聆聽印刷機操作員的解說。

簡言之，他做了印刷廠一日遊。

你們討論到哪裡了？

我們簽了書衣的試版協議書。

什麼？

也就是說，在印書衣的時候，會比照這一頁的校色結果。

好，簽了！

現在我們用這部機器印出第一台內文，一台有十六頁，這本書總共有八十頁。

所以會有五台內文。

沒錯。

能把這個場景的光線調亮些嗎？

嗯，可以試著提高黃色濃度，同時稍微提高紅色濃度。

我想主要是黃色。

這些控制面板是用來調整色彩的嗎？

像這樣，我就提高色彩濃度了。

現在讓機器上一點墨跑一頁…

看一看有什麼差別。

這張比較好。理查，你覺得怎麼樣？

噢，我看不出來有什麼不一樣，能借用你那個像放大鏡的玩意嗎？

這玩意叫做照布鏡。

有看到網點嗎？有藍色、紅色或黃色，這些都是原色，還有黑色。閱讀時，肉眼把這些顏色混合起來，就會看見所有顏色。

喲，真的哩！

機器在跑的時候，我們坐在小客廳殺時間，等第一台印好。

大夥兒隨意閒聊，聊到這裡印製的漫畫書。

他們準備要印第二台了。待會兒一起吃午飯，我知道市區有家很棒的酒吧。

太好了。

第二台開印了。

距離第三台開印還有兩個鐘頭。

不會吧？

請問您是
理查.樂華？

餐廳老闆來也。

他的侍酒師跑去通風報信了。
羅亞爾河！蒙貝諾！胡里耶！

從事釀酒的好友！
出色的年份…
我們也提到這本書的寫作計畫。

我們在餐廳架子上找到一本法國獨立酒農的書，裡面有一張理查的照片。照片上看起來比較年輕，沒有冬天的大鬍子，和我帶來的這位披頭散髮、滿臉鬍碴的野人判若兩人。

羅亞爾河葡萄酒
理查.樂華

我們喝了幾杯，道別，約定再次拜訪。

各位先生，
該走了！

…如果還想到裝訂廠去逛逛的話。

出了快二十年的書,我還沒去過…

你這傢伙沒什麼好奇心。

請進。

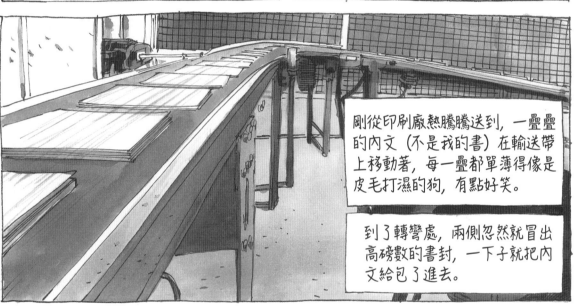

剛從印刷廠熱騰騰送到,一疊疊的內文(不是我的書)在輸送帶上移動著,每一疊都單薄得像是皮毛打濕的狗,有點好笑。

到了轉彎處,兩側忽然就冒出高磅數的書封,一下子就把內文給包了進去。

大功告成。

像是獨立而永恆的物品,說真的,還滿奇妙的,書就這麼出現在我們眼前。

疊好、裝箱後,書便出發追尋自己的命運,希望能在讀者的手中甦醒。

然後再回到印刷廠。

第三台可以印了。

喂，我看到好幾捲大紙筒…

嗯？

那些紙都要用來印你的書嗎？

我不知道。

那些紙？沒錯，幾乎都是。

垃圾桶裡都是你校正色差時丟掉的打樣？有上千張啊。

樹兒，對不起啦。

今天以前，我唯一一次走進印刷廠，是為了酒瓶的標籤。

喔？

這次完全不同，這些像伙做起事來一點也不馬虎，我大開眼界。

我也在想，你要他們做的調整都非常細微，但讀者看得出來嗎？

我就看得出來！

當我把東西交給印刷廠時，我已經花了一年中的大半人生在裡頭，甚至更久。

素描、上色，都是我親手完成的。

我不是在自豪，我只是想說，這是我的工作。他們是第一批參與這本書的人，他們所做的事非常關鍵。

也因此，我才堅持親自簽試版協議書。

回到蒙貝諾

我完全了解。

我們費盡心血，只為了完全掌控自己做出的成品，而且希望能掌控得越久越好。

不過，我們也想留一點空間給「巧合」，給「出乎意料」，給…

…「自然」吧。

拿著。

謝了！

沒錯，既知道自己要什麼，又要懂得放手。

聽起來還滿心理變態的嘛！

哈哈哈！我們的確有點變態！

幹活吧！

哇哈哈哈哈！注意啦！注意啦！

又怎麼啦？

看！我們來到大山頭了！蒙貝諾最棒的酒就是來自這片葡萄園哪，可得修剪得完美無瑕喔！

「大山頭」、「大山頭」，但是跟大喬拉斯峰比，還真是大巫見小巫。

喔, 靠!
這可不是開玩笑的,
你感覺到風了嗎?這裡位於
西南方, 全年風和日麗。

蒙貝諾的風土條件就是空氣非常流通,
每年葡萄都長得很好, 就算是沒有風的
仲夏也一樣!那時候石頭都被太陽
烤焦, 你知道的…

你幹麼用這種
眼神看我?

我會看著他，是因為覺得他很有趣。
我也很想了解，到底是什麼東西，把
這傢伙和他的葡萄園緊緊連結起來？

這不只是名下擁有一小塊地而已。

在理查的眼裡，蒙貝
諾是複雜且充滿活力
的生命體，而他只是
貼心的伙伴，也是要
求很高的搭擋。

我在這裡看
到的，是一
個人和一塊
承受風吹雨
打的石頭，
這兩者的奇
異結合。

上禮拜，理查有幾位訪客⋯

常常會有酒商、外國進口商
或是餐飲業者來找他。

但上個禮拜的訪客來自西班牙，
他們駕著休旅車，一派都會人打扮。

「聊酒怎能不聊到土壤呢？」理查
叫道。於是一夥人驅車前往葡萄園。

儘管寒風刺骨，這些西班牙人仍然
面不改色，專心聆聽理查極力讚頌
礫石土質的優點。

先生，這是
流紋岩哪！

流紋岩是一種火成岩！
現在我們就站在
古生代上面！

相當於五億四千萬
年前到兩億五千萬
年前之間，你們可
以想像嗎！

很少人知道，
不過…

26

我們正好位在阿爾莫里卡高原最東邊的斷層，這些可以說是布列塔尼亞最後的石頭啊！

流紋岩最神奇的地方，就是夜裡能夠反射熱氣…

這一點對葡萄的成熟很有幫助！

你們了解嗎？

了解，了解。

我們聊了很久的土地、天空、太陽，還有風，西班牙人聽到臉色慘白。

為免害他們感染肺炎，查理提早結束演講，轉往酒窖小酌。

過了這條河，我們就離開了阿爾莫里卡高原，進入巴黎盆地的砂礫區。

也就是說，想釀出好酒，
土壤比葡萄及葡萄園更重要。

酒其實是土地和人之間某種神祕
而強韌的連結。

我們的工作沒有什麼奧妙的理論，
但有個具體的目標：我們釀的酒，
要能向身體訴說土地的故事。

我想到我們
上次拜訪印刷
廠，當你的東
西得開始仰賴
別人時，那的
確不太好受。

當我必須選擇全新的橡木桶時，
也有同感…

我會說這些，
是因為有個木
桶製造商請我
去參觀他的工
作室，位於熱
爾省。

你想一起
去嗎？

第二章

CHAPITRE DEUX

橡木桶的木頭

看完還要回來剪枝喔！

好啦, 好啦。

談談你的橡木桶吧。

我的橡木桶…哈哈哈！剛好夠打發六個鐘頭的車程啊…

你都買新桶子嗎？

對, 只買某種酒的木桶。

某種酒？

就是某個年份的酒。

只要這些酒桶狀況還是好的, 我就保留下來, 這並不複雜…

怎麼說？

呃, 最多留四、五年。

你怎麼知道木桶還是好的？

靠鼻子。

沒開玩笑, 我只用清水洗酒桶, 不用別的。然後我仔細聞, 只要聞到一丁點酸敗或揮發酸的味道, 就扔掉！

你對這次拜訪有什麼期待？

噢，這有點像你親自跑印刷廠看印，我想確定爹與釀酒的傢伙不會扭曲葡萄酒。

你在找中性的木桶嗎？

其實不只這樣，酒桶是幫助發酵的工具，但我不希望酒桶的木頭留下太多痕跡，我試著…怎麼說呢…找到比較合適又溫和的中和工具，了解嗎？

非常清楚。

就好像我後來的彩色作品，我選擇象牙白的紙張，雖然改變了原來的色調，但結果正是我要的，而我事前已經預見這一點。

哈哈，沒錯。

嘿嘿嘿…

同樣的道理嘛，真有趣。

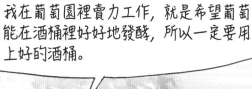

我在葡萄園裡賣力工作，就是希望葡萄能在酒桶裡好好地發酵，所以一定要用上好的酒桶。

但這個酒桶商的邀請，想必有相當商業的考量吧。

但是我呢，我不要他們一味吹捧「物美價廉」，我只要一流的品質，就這樣。

到了。

满快的嘛!

我跟著理查還有幾個同樣受邀而來的酒農在旁邊聆聽酒桶廠老闆的解說。

他解釋自己用了什麼木頭、來自哪裡、該如何挑選、怎麼晾乾。

放在戶外二十四個月。

幾個半信半疑的訪客槓上老闆，我也聽得津津有味，前者咄咄逼人，後者答得巧妙。

關於我們的作業過程，我說的都是真的，不過自然有所保留。

不過離開之際，我已經知道，我們親眼看著逐漸成形的木桶所跳的曼妙舞姿，將完全占據我的腦海。

我用拙劣的言詞讚美了在現場做木桶的傢伙。他的回應是：「喔！也沒什麼，我天天都在做。」

這一趟你有什麼收穫？

其實做這類參觀還不賴，是吧？能學到很多東西！

比方說？

我們看到這些人都很認真踏實，毫無疑問。

所以，你會向他們買酒桶嚕？

我已經有兩個，一個中等，一個大的。

好處是，現在我比較了解他們怎麼作業。等下訂單時，我可以做更精準的要求，我很滿意。咦，你喝過這支了嗎？還不賴！

這是第二十杯！我已經茫了！

我的舌頭在發燙！

走！回家吧！

是！

別忘了一件事…

沒忘啊…

第
三
章

CHAPITRE TROIS

漫畫家尚皮耶・吉伯哈

（和音樂家吉米・罕醉克斯、莫札特，以及其他人）

喔，我讀了你借給我的吉佰哈的書，不錯喔⋯

啊？你喜歡？

他的世界很容易進入，也很溫暖，對話寫得好，圖畫也賞心悅目，我很喜歡。

有時候你借我的書，我沒什麼感覺⋯但他的，我覺得他有想到他的讀者，對吧？

你可以親自問他。

好，說定了！

與艾堤安喝一杯 Un verre avec Etienne

黃健和／大辣出版總編輯

與漫畫作者喝酒，是件有趣的事。

如果你看過她（他）的作品，再碰到創作者本人；漫畫中的畫面／對白，總與你身旁舉杯，口沫橫飛／手比眉舞的老兄形成呼應。

平面的紙本漫畫，與在你眼前說話的敘事者；靜止的影像，於是開始流動。

認識艾堤安·達文多，當然是因為漫畫。

2014 年春天，因策展法國安古蘭漫畫節台灣館，與台灣漫畫作者走訪這個法國西南方的漫畫小鎮。那年在鎮上看了他的展覽，算是第一次較全面的認識他的作品：《露露，裸露的女人》《無知者》《斜眼小狗》……展場佈置的像是走進法國鄉間的農舍裡。

2015 年夏天，大辣出版了羅浮宮漫畫系列第二本書：《斜眼小狗》。那年冬天，「打開羅浮宮九號」展覽在台北北師美術館展出，艾堤安與其他幾位法國漫畫作者也來到台北，參與這場展覽的開幕活動。

那幾天裡，艾堤安等人，有著從早到晚的密集活動；自己身為半個主人，也安排了幾場較輕鬆的活動。其中一場聚會是在中山北路光點二樓，安排台灣漫畫作者與法國作者們聊天小酌；是個近 20 人的飯後小酌活動，長桌一字排開，白葡萄酒紅葡萄酒各取所愛，中文法文英文夾雜，筆記本速描本邊畫邊聊……各自抓對開喝。

與羅浮宮漫畫策展人 Fabrice 用英文溝通，聊著這個「打開羅浮宮九號」的展覽，除了台北還要到日本巡迴，及未來回到法國展覽的可能性。

帶著台灣作者與未來之城主編 Sebastien 聊天，安排了法文譯者居間溝通；漫畫編輯的厲害之處，是看不懂對白，仍可就畫面說出個所以然來。

與艾堤安則是談著漫畫節，他除了安古蘭外，很喜歡聖瑪洛漫畫節（Quai des bulles: Festival de la BD－St. Malo）。自己則提起那年飛去科西嘉島，參加巴斯提亞漫畫節（BD a Bastia）的美好經驗：不是以賣書為主的漫畫展，參加的漫畫作者／學者則可輕鬆對談（並刊登於法國世界報上），而掛上參展專業人士證後，可在 Museum bar 裡免費暢飲咖啡／啤酒／葡萄酒。

也聊到了他的作品《無知者》：兩位手工職人，有無可能用一年的時間，讓對方理解對方的職業運作？漫畫作者搞懂葡萄種植釀造，葡萄酒農進入墨必斯等作者的圖像小說世界；好像很簡單，又好像很難。

簡單的是漫畫打開即可看，葡萄酒開了就能喝；難的是真的看的懂漫畫作者想說的事嗎？而葡萄酒農的手工堅持，又能在酒客的品嚐中體會多少差異？

（漫畫編輯想問的是：紅酒可以越陳越香越保值，漫畫也會嗎？）

忘了那晚喝了多少瓶酒，也忘了那晚還聊了些什麼。

「其實很喜歡你的作品，總是安安靜靜，沒有太多的戲劇衝突起伏；有點像是看法國電影導演侯麥的電影：鄉間城市，日常對話，但生命於其間慢慢流轉。」

這段話，倒底有沒有跟他說過呢……。

喝葡萄酒，看漫畫，還真是絕配。

我讀《無知者》

陳柏欽／台南生活美學館館長

關於藝術與文學的創作，我常喜歡做一個比喻。

有兩位武功高強的劍客正在過招。其中一人身穿飄逸長衫，出劍的總要挽幾個劍花，營造一種華麗的招式氛圍才會刺出重要的一劍。與他過招的那人，身著麻布短衫，看起來一派素樸。面對對手漫天劍花，他屏氣凝神，陡然一劍平平刺出，卻是越過漫天劍花的虛影，刺在對手迎面而來的劍尖上頭。

好吧，沒人知道最後到底誰能夠贏得這場決鬥，但在這裡頭卻可以看到兩種不同的創作風格。前者將創作意圖包裹在華麗雕琢的表象下，後者則是素樸地將創作意圖直指人心。坦白說，我們很難斷定誰比較高明，充其量只能說是兩種創作手法的不同，但就其創作的根本，或許想要表達的是同一件事情。

當我閱讀艾堤安·達文多的這本《無知者》，感受到的是屬於後者的創作風格。在整本漫畫裡頭，沒有什麼跌宕起伏的劇情與張力十足的畫面，而是娓娓地將酒農理查·樂華的釀酒生活以一位門外漢實際參與釀酒的角度來描繪。

艾堤安在釀酒這件事上頭，是個不折不扣的圈外人；相對的，漫畫對於樂華來說，也是個未知的領域。他們兩人各有專業領域，對於彼此的世界卻如白紙般無知。由於無知，反而可以在沒有先入為主的狀態下，開放心胸，進入對方的世界，盡情對話。

在漫畫裡頭，艾堤安問樂華，為什麼不在自己的酒瓶上標示有機標籤。樂華滿臉是汗，肩上還扛著釘耙，淡淡地說：「因為我不希望靠有機吸引顧客。我呢，我希望顧客是因為喜歡我的酒才買。我想，沒有什麼比這更重要的。」

我不知道艾堤安怎麼看待自己的作品。但我想，他應該跟樂華一樣，都希望讀者們因為喜歡他的作品而購買，並且不是把書本放到書櫃上典藏，而是反覆閱讀艾堤安所看與所想，與他進行無言的對話。畢竟，漫畫不只是娛樂的產物，更是一種「圖像文學」。與純文字文學的差別僅僅在於表現方式的差異，但就創作的核心來說，兩者毫無二致，目的都在表達創作者對其生命世界的詮釋。

仔細品嚐一杯樂華釀造的葡萄酒，與靜靜閱讀艾堤安的作品，其實是一回事：我們都在聆聽釀酒人與作家的故事。讀過這本書，彷彿品嚐了一瓶干白酒的生命歷程。如果要說有什麼遺憾，大概就是，沒機會讓樂華釀造的干白酒，從我的舌尖流淌而過。

譯注

P.18 第三格

理查有兩個酒區，一為「諾埃爾－蒙貝諾」（Noëls de Montbenault），一為「胡里耶園」（Clos des Rouliers），所生產的葡萄酒分別以酒區名稱命名。文後將多次提到這兩個酒區和酒，有時簡稱為「蒙貝諾」和「胡里耶」。兩個酒區都主要栽種白梢南葡萄。

P.44 第二格

《巴黎競賽畫報》（*Paris Match*）是法國知名綜合性週刊，除了報導法國國內外政經大事外，名流八卦與獨家新聞也占有重要篇幅。《法蘭西時代》（*Jours de France*）雜誌經歷熄燈、重新出刊等波折，報導焦點放在政經演藝名流和王室成員。

P.44 第五格

《瑪代歐》（*Mattéo*）是尚皮耶·吉伯哈的漫畫作品，分成三部，第一部於 2008 年出版。瑪代歐為書中主人翁的名字。
《顧達》（*Goudard*）系列是吉伯哈與傑吉·貝華耶（Jacky Berroyer）合作的漫畫作品，從 1978 年到 1985 年陸續出版了五卷，描繪和父母住在巴黎郊區的青少年顧達的成長經驗。2006 年顧達系列集結成冊重行發行，取名為《顧達年代》（*Les Années Goudard*）。

P.47 第一格

吉米·罕醉克斯（Jimi Hendrix, 1942-1970），美國歌手、吉他手，被認為是流行音樂史上最重要的電吉他演奏者。

P.48 第四格

Largo Winch 為比利時小說家 Jean Van Hamme 與插畫家 Philippe Francq 合作的商業驚悚漫畫作品，共二十集，第一集於 1977 年出版，後來改編成電視劇，也曾拍成兩部電影，台灣譯為《神鬼獵殺》。

P.54 第四格

路易斯·通代（Lewis Trondheim），1964 年出生，是法國漫畫家、編劇與出版人，也是第十八章提到的社團出版社與漫畫潛能工坊的創辦人之一。

P.70 第一格

歐盟 Ecocert 認證（簡稱 ECO），1991 年成立於法國，為歐洲最具代表性、最權威的有機農業認證機構，通過認證的產品需含有至少 95% 以上天然成分，以及 10% 以上有機成分。

P.70 第二格

「AB」有機栽種的縮寫，為法國國家級有機認證標章，創立於 1985 年，通過 AB 認證的產品需有 95% 以上的有機成分，生產者需經過 2-3 年的有機栽種轉型期，才可以得到 AB 有機認證標誌。

P.124 第四格

佩里高（Périgord）是法國古省名，大約相當今天的多爾多涅省（Dordogne）。

P.125 第一格

卡侯（Cahors）位於法國西南部的洛特省，早在古羅馬時期即開始種植葡萄，到中世紀已風靡歐洲，文藝復興時期後經歷天災等因素，名聲逐漸式微，波爾多酒則後來居上。十九世紀末，產區裡的葡萄園更受到蚜蟲侵襲，卡侯酒幾乎被世人遺忘。二次大戰後，在當地酒農的努力下，質純味美的卡侯酒重新受到注意。本文中祖父想說的是：簡直是頂級名釀！

P.130 第五格

Futuropolice 與未來之城出版社的法文「Futuropolis」同音。

P.134 第一格

美國籍的法裔藝術家杜象（Marcel Duchamp, 1887-1968）是二十世紀當代藝術的先驅，常選用現成物，將現成物的功能由實用轉向美感，並用這些作品證明藝術創作不一定需要依賴手的技巧。

P.135 第二格

波爾多液是一種混合了硫酸銅與石灰的殺菌劑，因波爾多地區的酒莊率先使用而得名。十九世紀末法國植物學者米拉德（Pierre-Marie-Alexis Millardet）發現這種製劑能有效防治霜黴病（又稱為露菌病）。

P.139 第三格

《守護者》（*Watchmen*）是由編劇艾倫·摩爾（Alan Moore）和畫家大衛·吉布斯（Dave Gibbons）共同創作的漫畫作品。2005 年美國《時代週刊》評選為 1923 年以來百部最佳英文小說。

P.139 第五格

《鼠族》（*Maus*）是美國知名漫畫家阿特·史匹格曼（Art Spiegelman）以父親的親身經歷為主軸描述二次大戰納粹集中營裡猶太人的遭遇，以及戰後大屠殺倖存者經歷的痛苦掙扎，全書分成兩部：〈倖存者的故事〉和〈我的受難史〉。法文版把兩部收錄為一冊。

P.152 第一格

馬克安端·馬修（Marc-Antoine Mathieu），1959 年出生於法國昂熱，畢業於昂熱美術學院，是漫畫家也是裝置藝術家，1990 年

片土地經常出現在他的作品裡，《壞人》指的是安茹摩日（Mauges）一帶的居民，故事描寫的也是這個地方的人的故事。《鄉下人！》的主要人物和《無知者》的理查‧樂華都是安茹萊陽丘的居民，而達文多在 2014 - 2016 期間擔任萊陽丘的萊陽畔哈布萊鎮（Rablay-sur-Layon）的鄉鎮顧問。就某方面來說，我們幾乎可以把他的作品視為一種鄉土作品了。不過，達文多對土地與人的關懷並不侷限於他的出生地安茹區。《一個人死了》發生在法國西部的布列塔尼亞省，2015 年的最近力作則與法國聯合電台（France-Inter）的資深新聞記者本諾瓦‧柯羅巴（Benoît Collombat）合作，以 1975 年法官方斯華‧荷諾（François Renaud）的刺殺事件為起點，抽絲剝繭地追查一個由戴高樂將軍的死忠擁護者創辦的神秘組織「法國國民行動局」（Service d'action civique，簡稱 SAC），揭露法國 70 年代當權政府與黑幫掛勾的醜陋一頁（直到 1982 年發生 Auriol 滅門慘案，SAC 終告解散）。即使在充滿人性黑暗面的作品裡，達文多仍在結尾寫道：「這段血腥殘暴的歷史繼續存在，成為殘留下來的大環境中的一個汙點，也是第五共和國的 DNA 裡的一個黑漬，但不管如何⋯⋯它終究還是我們童年時親愛的家鄉。」

從《鄉下人！》到十年後的《無知者》，不管是三個乳農從事的有機農耕還是理查‧樂華實行的自然動力農法，達文多雖然未必信服這些農耕方式，但他所尊重的，正是他們為這片土地所做的：致力修復土壤與動植物的生機，也呼應了法國農民運動領袖喬思‧柏維（José Bové）在《鄉下人！》序文裡的一段話：「殺死土地與自殺無異，唯有土地、水、風景健康，人類社會與我們的農業才有未來」。不過，《無知者》又多了漫畫這個人文層面，多了許多跟這些默默維持土地生機的農民一樣在為漫畫注入新血的作家。

後記

上文對達文多的虛構故事漫畫類著墨不多。他的《露露，裸露的女人》（2008-2010）已被拍成電影，而《腳踏車摔車事件》（2004）也計劃搬上大銀幕，由達文多親自改編劇本。

《鄉下人！——記錄一場政治衝突事件》（Rural ! Chronique d'une collision politique），2001 年出版。

《壞人》（Les mauvaises gens），2005 年出版。

《一個人死了》（Un homme est mort），2006 年出版。

《我們童年時親愛的祖國，法蘭西第五共和國黑暗時代調查報告》（Cher pays de notre en-fance. Enquête sur les années de plomb de la Ve République），2015 年出版，2016 年獲得安古蘭漫畫節讀者獎。

《我們童年時親愛的祖國，法蘭西第五共和國黑暗時代調查報告》，這裡的祖國，也有家鄉、家園之意，譯成祖國，充滿愛國主義的味道，某方面來說跟 SAC 組織還算對味，所以書名可以這麼用，不過，最後我引用該漫畫的結尾時，用的是家鄉。

些故事注入澎湃活力。以《無知者》而言，讀者因此認識了一群在漫畫界和釀酒界勤耕不綴的大小人物，更精確來說，他們多數是小人物，沒啥市場概念，也不以獲利為努力目標，但以貫徹理念、付諸行動為樂，做的事未必有商業價值，但只要符合己身的價值觀就好。有趣的是，漫畫家與酒農將會體認到，他們做的雖是看似沒啥關係的工作，但其實能夠相互呼應的時候並不少，譬如他們對工作的態度與堅持，竟然如出一轍。

紀實報導與客觀性

在達文多投入漫畫界之前，紀實類漫畫已經交出精彩的成績單。60 年代，報導漫畫開始在美國萌芽，後來逐漸影響法國。70、80 年代美國出現許多自傳性質的漫畫（法國稍晚，要到 80 年代末），1992 年阿特 • 史匹格曼的《鼠族》贏得普立茲獎，將自傳式漫畫的地位推向高峰。 90 年代出現重量級人物喬 • 薩克（Joe Sacco），他的紀實漫畫《巴勒斯坦》獲得 1996 年的美國國家圖書獎。2000 年代初期，在法國漫畫界大放異彩的有伊朗裔圖像小說家瑪嘉·莎塔碧（Marjane Satrap）以及她的自傳式作品《茉莉人生》（Persepolis），這部漫畫也被作者親自搬上大銀幕。

2000 年代，達文多也完成了三部非常重要的紀實作品：《鄉下人！——記錄一場政治衝突事件》（2001）、《壞人》（2005）、《一個人死了》（2006）。《鄉下人！記錄一場政治衝突事件》描述安茹地區某村莊三位生產有機牛乳的小農因為新建的高速公路而被迫放棄好不容易得到有機認證的部分農地，他們以有限的資源聯合其他村民，以小蝦米之姿對抗有權有勢的政府和酒商。《壞人》描寫達文多父母在年少時代如何從一無所有的窮人變成天主教勞工組織的一員，又

如何不卑不亢、堅忍不拔地投入勞工運動，爭取自身的權益。《一個人死了》描述 50 年代布列塔尼亞省大興土木改造新城鎮之際，最基層的主力工人無法忍受老闆的剝削，積極投入示威遊行，要求加薪，但地方政府出動部隊武力鎮壓。《一個人死了》由達文多與 Kris 共同編劇，而《壞人》《鄉下人！》則是達文多獨挑編劇與繪圖的重任。這些作品都不厭其詳地查明事實，重現當時場景，對細節極為講究。達文多曾多次在序文或作品中提到，在創作過程中，他為了避免描述的和事實有所出入，經常請當事人重讀他所寫的文字，然後不斷修改，直到他們滿意為止。

如上文所提，用虛構類與紀實報導類來切割達文多的作品似乎過於簡單，但是不可否認，達文多的確花了許多工夫讓漫畫發揮紀實報導的功能。他在《鄉下人！》序文中表明，紀實漫畫跟動態影像不同，動態影像難以利用演員重建場景做真實性的報導，但是漫畫仗著輕巧的技法和跟主題保持距離的優勢，在結合重新安排的場景和親眼目睹的場景上，反而易如反掌。

不過因為許多場景被作者重新安排過，誰能保證這些場景的真實性呢？對於這一點，達文多了然於胸，他說，敘述的時候，一定有立場，述說，就是在擷取畫面，擷取畫面就是有技巧地迴避，有技巧地迴避就是撒謊。

所以紀實不等於客觀。重建客觀性也絕非他寫書的目標。他也知道，倘若以為攝影機在本質上比鉛筆更客觀，那就錯了，因此沒有理由將漫畫在早已被電視大肆開發的紀實報導的圖像中除名。

寫土地與人

特別值得一提的是，達文多喜歡寫自己土地的事，寫對市井小民的關懷，安茹這

發表系列作品《夢的囚徒朱利斯·柯杭登·阿克法克》（*Julius Corentin Acquefacques, prisonnier des rêves*）的第一部《起源》，次年獲得安古蘭漫畫節鼓勵新人的「心動獎」。

P.153 第一格

艾爾貝（Herbel）酒莊位於昂熱附近，由年輕夫婦 Laurent Herbel 和 Nadège Le-landais 經營，採用有機和自然動力農法。

P.154 第二格

卡夫卡的原文 Kafka，倒過來唸是 A-K-FA-K，音似阿克法克（Acquefacques）。

P.157 第五格

巴斯卡·哈巴泰（Pascal Rabaté），1961 年出生於杜爾，既是漫畫家也是電影導演。

P.166 第五格

方方·加能瓦是尚法蘭梭瓦·加能瓦（Jean-François Ganevat）酒莊的暱稱。該酒莊也採行自然動力農法，是近年備受矚目的熱門酒莊。

P.175 第一格

馬努什，即羅姆族（Roma）在法語中的稱呼，這是一支源於印度北部的流浪民族，散居世界各地，英語訛稱為吉普賽人。

P.204 第一格

《攝影師》（*Le photographe*）的劇情。該劇以 1986 年阿蘇戰爭時期無國界醫生的救援任務為主軸。插畫和劇本寫作為伊曼紐埃·紀伯（Emmanuel Guibert），負責上色與分鏡的則是菲德立克·勒梅西耶（Frédéric Lemercier）。紀伯根據無國界醫生團隊隨行攝影記者狄迪耶·勒非夫荷（Didier Lefèvre）的照片和口述資料繪成漫畫。本作品多次獲獎，包括 2007 年的法國「晶球獎」（Globe de Cris-tal），以及 2010 年的

「艾斯納獎」（Will Eisner Comic Industry Award）國際作品美國版大獎。2017 年紀伯以其全部作品榮獲安古蘭漫畫節葛西尼編劇獎（Prix Ren-éGoscinny）。

P.204 第一格

《亞倫的戰爭》（*La guerre d'Alan*）是伊曼紐埃·紀伯根據美國加州軍人 Alan Ingram Cope 的回憶描繪而成的漫畫，獲得 2013 年法國 ACBD「漫畫評論人與新聞人協會」（Association des critiques et des journalistes de bande dessinée）年度評論大獎。

P.207 第二格

這段歌詞出自法國歌手阿倫·蘇松（Alain Souchon）於 2005 年出品專輯《德奧多的人生》（*La Vie Théodore*）中的同名歌曲。這首歌曲是向法國自然科學家與探險家德奧多·莫諾（Théodore Monod）致敬。

P.208 第一格

這裡指的是 1995 年成立的沃日畫室，當時一群志同道合的漫畫家在渥日廣場的畫室一起創作，包括文後提到的尤安·史法（Joann Sfar）、克里斯多夫·布蘭（Christophe Blain）、大衛·B（David B.）等。

P.217 第一格

墨必斯（Moebius, 1938-2012），法國當代重量級藝術家，身兼作家、漫畫家、導演，以神秘、奇幻的風格著稱，作品曾被搬上銀幕，或成為其他電影創作者的靈感泉源。他也曾參與《第五元素》《無底洞》《異形》《沙丘魔堡》等電影的影像視覺設計。

P.217 第三格

《藍莓系列》（*Blueberry*）以美國南北戰爭後為時代背景，Jean-Michel Charlier 編劇，尚·紀侯負責插畫，1963 年出版第一卷，總共二十八卷。

P.221

沙瓦涅（Savagnin）是白葡萄品種，普沙（Poulsard）是紅葡萄品種，侏羅省佳釀的名聲有賴這兩大品種。

P.233

尼路奇歐（Nielluccio）、維門替諾（Vermentinu）、白珍提（Bianco gentile）都是葡萄品種。「漫畫潛能工坊」（Ouvroir de bande dessinée potentielle），1992 年由 L'Association 出版社創立，效法 1960 成立的「文學潛能工坊」的精神。

P.251 第四格

酒精濃度 11.5°，表示是品質普通的葡萄酒，好酒的酒精濃度通常介於 13°-14°。

P.255 第四格

「法國法定生產」（簡稱 AOC）制度明文規範每個產區的地理位置、產品的使用品種以及生產方式，將風土觀念系統化與法制化。「國家原產地名稱管理局」（簡稱 INAO，創立於西元 1935 年）每年評審考查，產品必須符合當地該有的特徵才發放 AOC 法定生產標章，認證範圍橫跨各類農產，包含酒、乳酪、精油、橄欖油、水果等。

P.255 第五格

VDF，即餐酒 Vin de Table，酒標上不能標示產區。

P.258 第三格

揮發性酸指會在低溫揮發的酸質，醋酸是最重要的揮發性酸，含量過高時會使酒散發難聞的酒醋味。如文中所稱，每公升葡萄酒若含有揮發性酸 0.6 克，喝下便有感，0.9 克無法銷售，1.5 克將變成醋。

翻譯名詞對照

漫畫與刊物

《大概約略地》　Approximativement
《巴黎競賽畫報》　Paris Match
《火》　Feux
《守護者》　Watchmen
《亞倫的戰爭》　La guerre d'Alan
《法蘭西時代》　Jours de France
《消逝》　La Disparition
《烏鴉飛行》　Le Vol du corbeau
《烙印》　Stigmates
《神鬼獵殺》　Largo Winch
《假裝就是撒謊》　Faire Semblant
　　C'est Mentir
《鄉下人！》　Rural
《黑色憂傷》　Black Sad
《鼠族》　Maus
《瑪代歐》　Mattéo
《緩刑期》　Le Sursis
《藍色筆記》　Le Cahier Bleu
《藍莓》系列　Blueberry
《攝影師》　Photographe
《露露，裸露的女人》　LuLu
　　Femme Nue va Être Imprimé
《顧達》　Goudard
《顧達年代》　Les Années Goudard

酒、葡萄品種、酒莊與產區

「石頭譯珠」紅酒　Billes de Roche
上卡科　Haut de Carco
白珍提　Bianco Gentile
灰塔　La Tour Grise
艾佩諾園波瑪白酒　Pommard clos
　　des Épeneaux
艾爾貝酒莊　Herbel
沙瓦涅　Savagnin
貝夏蒙　Pécharmant
貝傑哈克區　Bergérac
東方小徑酒莊　Chemins d'Orient
波爾多聖愛美濃特級產區　St
　　Émilion Grand Cru
阿賀納酒莊　Domaine Arena
勃根地拉芳酒莊　Domaine des
　　Comtes Lafon
勃根地阿蒙伯爵酒莊　Domaine du
　　Comte Armand
胡里耶　Rouliers
涅露秋　Nielluccio

梅索熱內夫西耶白酒　Meursault
　　Genevrières
梭慕爾梅拉希克酒莊　Saumur
　　Mélaric
細沙酒莊　Les domaines des
　　sablonnettes
普沙　Poulsard
湯普隆－夢登酒堡　Chateau
　　Troplong Mondot
萊陽丘　Coteaux du Layon
精選麗絲玲白葡萄酒　Riesling
　　Rosenlay Auslese
維蒙蒂諾　Vermentino
蒙貝諾　Montbenault
蜜思卡　Muscat
麗瑟酒莊　Schloss Lieser

其餘名詞

大衛·B　David B.
大衛·吉布斯　Dave Gibbons
大衛·希爾納西特　David
　　Schildknecht
尤安·史法　Joann Sfar
巴提莫尼歐　Patrimonio
巴斯提亞漫畫節　BD à Bastia
方方·加能瓦　Fanfan Ganevat
尼科比　Nicoby
布哈森斯　Georges Brasssens
布魯諾·侯沙　Bruno Rochard
伊曼紐埃·紀伯　Emmanuel Guibert
多明妮克·高伯萊　Dominique
　　Goblet
安東尼馬利·阿賀納　Antoine-Marie
　　Arena
朱利斯·柯杭登·阿克法克　Julius
　　Corentin AcqueFacques
朱里亞　Juillard
艾倫·摩爾　Alan Moore
艾堤安·達文多　Étienne Davodeau
艾堤安·雷寇亞　Etienne Lécroart
亨利·米蘭　Henri Milan
何吉·蘭薩德　Régis Lansade
克里斯多夫·布蘭　Christophe Blain
狄迪耶·勒非夫荷　Didier Lefèvre
亞倫·克勒　Alain Keler
尚·紀侯　Jean Giraud
尚丹尼·邦當克斯　Jean-Denis
　　Pendanx

尚巴蒂斯特·阿賀納　Jean-Baptiste
　　Arena
尚皮耶·吉伯哈　Jean-Pierre Gibrat
尚法蘭梭瓦·加能瓦　Jean-François
　　Ganevat
尚馬克·海瑟　Jean-Marc Reiser
尚路易·侯賓　Jean-Louis Robin
阿倫·蘇松　Alain Souchon
阿特·史匹格曼　Art Spiegelman
哈布雷　Rablay
洛克出版　La Maison Du Rock
馬克安端·馬修　Marc-Antoine
　　Mathieu
馬修·彭農　Matthieu Bonhomme
理查·樂華　Richard Leroy
傑吉·貝華耶　Jacky Berroyer
博－普羅旺斯　Les Baux de Provence
喬治·裴瑞克　Georges Perec
喬埃爾·梅納　Joël Ménard
畫泡碼頭漫畫節　Quai de Bulles
菲利浦·古東　Philippe Gourdon
菲利浦·勒呂克　Philippe Leduc
菲德立克·勒梅西耶　Frédéric
　　Lemercier
馮內－侯瑪內　Vosne-Romanée
聖馬洛　Saint Malo
路易斯·通代　Lewis Trondheim
雷內·摩斯　René Mosse
漫畫潛能工坊　Ouvroir de bande
　　dessinée potentielle
蒙貝利亞爾　Montbéliard
赫伯·薩雷翁泰哈斯　Robert
　　Saléon-Terras
墨必斯　Mœbius
德奧多·莫諾　Théodore Monod
魯道夫·史坦納　Rudolf Steiner
璜侯·加蒂諾　Juanjo Guardino
羅翰佐·瑪托提　Lorenzo Mattoti
露西隆　Lucie Lom

記錄與熟成──非客觀筆調的真實人生

陳蓁美（本書譯者）

2010 年冬天，法國羅亞爾河谷一位漫畫家向附近的酒農提議合作一本書，內容是兩人帶領彼此探索自己的領域。

漫畫家是艾堤安‧達文多，當今法國漫畫界的翹楚，創作能量豐沛，在紀實報導和虛構故事兩種創作類型之間游刃有餘；酒農則是理查‧樂華，對種葡萄、釀酒自有一套理念，專心生產白梢楠，產量不多但品質純良。這本書在 2011 年問世，至今依然是法國漫畫書店的熱門暢銷書，事實證明，兩人彼此啟蒙的故事也獲得芸芸讀者的共鳴。

早在合作這本書之前，兩人已是多年老友。但達成協議後，達文多跟著樂華照料葡萄園、釀酒，樂華則跟著達文多了解漫畫的世界。就像達文多所說，他們並不想「教育」彼此，再說時間不夠長，只有一年多而已（實際上，他們為這本漫畫相處了一年半），而是經歷一種啟蒙的過程。在這樣的過程中，雖然兩人不時意見相左，不能心服口服的時候也不少，但這些也構成本書的魅力。樂華對達文多帶來的「好」漫畫未必欣賞，達文多也經常對樂華推崇的好酒「有眼不識泰山」，但持平常心、做平常事，沒有夸夸其談，又忠於自然本性，於是釀成這本書的好味道。

雖然兩人對彼此的喜好未必照單全收，不過也不乏惺惺相惜的場景。就像達文多用了一定的篇幅描繪樂華對石頭和風的深情和感動，對樂華來說，石頭和風能直接影響葡萄，也就是葡萄酒的品質，其實這裡的石頭和風就是所謂的風土，但樂華不用字典釋義的方式來解釋，而達文多只是描畫出樂華如何以行動來實踐風土精神，用的語言簡單而真摯，令人會心。

*

達文多的創作歷史可追溯到 1992 年，當時他發表了第一本作品《不喜歡樹的人》（*L'Homme qui n'aimait pas les arbres*），直到今天，五十二歲的達文多已經累積了二十五年的創作生涯。如果把他的作品概略分為虛構與紀實報導兩類，《不喜歡樹的人》《露露，裸露的女人》《斜眼小狗》以及《腳踏車摔車事件》屬於虛構類；《無知者》《壞人》《鄉下人！──記錄一場政治衝突事件》《一個人死了》、《我們童年時親愛的祖國，法蘭西第五共和國黑暗時代調查報告》則屬紀實報導類。不過用虛構類與紀實報導類來切割達文多的作品，似乎過於簡單。他自承很享受這兩種創作。當他做紀實報導時，必須實事求證、獲得當事人許可，經常受制於人，過程也並非每次都很順利，因此做完後需要浸淫在虛構的世界。然而遊走在虛構的世界一段時間後，他又想走出家門跟真實人物打交道，重回紀實路線。後來他找到兩全其美的方法：紀實虛構交錯創作。他也體認到，不管是紀實還是虛構，描寫的實是事物的一體兩面。

如果我們把《無知者》暫時歸類為紀實，它的確承續了達文多《壞人》《鄉下人！──記錄一場政治衝突事件》《一個人死了》《我們童年時親愛的祖國，法蘭西第五共和國黑暗時代的調查報告》等紀實報導的脈絡。書中的人物都確有其人，描述的事件也確有其事，儘管絕大部分的場景都經過作者過濾、篩選與濃縮，但真人真事卻為這

哈哈哈!

巴黎西郊某座村莊某處:吉伯哈先生。

我們一走進他那間寬敞的工作室,首先印入眼簾的,就是床鋪。

用來睡午覺嗎?

別鬧了,是用來寫作的,我喜歡躺著寫東西。

這工作還真棒。

我在這裡畫圖。

你沒有厭倦過嗎?

沒有,畫圖之樂是無窮盡的,艾堤安你說是嗎?

的確。

要跟不畫圖的人解釋畫圖的樂趣,不太容易…

修剪葡萄樹也是。一般人以為吹三個月的冷風剪枝無聊死了，但我很愛，因為這件事攸關葡萄樹的生命。

你是怎麼開始這一行的？

我從小就愛畫畫。1972年我15歲時開始替雜誌畫漫畫，我畫過《電視週刊》、《巴黎競賽畫報》、《法蘭西時代》…

有意思。

你一直靠畫圖維生嗎？

沒錯。我還記得1974年，我花了三天替一本雜誌畫插圖，稿酬相當於我爸在法國電力公司上班的四分之三月薪。

出版《緩刑期》時，我45歲了，那是我的第一本暢銷書，當時很多人跑來跟我說：「熬這麼久才出頭，很辛苦吧？」不過老實說，我不算熬過，我在出版那本書以前沒吃過什麼苦啊…

當時我覺得很奇怪。

你看過嗎？

看過，艾堤安也借我《烏鴉飛行》、《瑪代歐》。

出版這些書以前我一直把自己看成插畫家，但我和傑吉．貝華耶合作的《顧達》系列除外。

我一直在畫別人的故事，到了40歲那年，我告訴自己，應該為自己畫些什麼了，我也下定決心不計一切完成這個心願。

當時，我替報章雜誌畫圖，等著被炒魷魚後另起爐灶。我畫得越來越快，像酒精中毒，無法自拔。

我再借你《顧達》系列。

創作《緩刑期》反而給了我機會重生！

是因為大賣嗎？

不，不，不光是這樣。

因為我終於敢放手寫自己的書，而且我還記得完成時心裡有點失落——雖然畫得比平常好一些，但也好不到哪裡去…

那，你認為《緩刑期》為什麼會大賣？

出版社的支持很重要，其他的，就不知道了。以前書賣不賣，我不怎麼放在心上，現在，我怕不賣，怕讀者失望…

我這個人很容易杞人憂天，不過，我說什麼也不讓步。

暢銷書是種…難以預測的玩意。

但是，說真的，比起來，同業的評價更重要。

一本書為什麼能擄獲讀者的心？或者為什麼不受青睞？作者的價值在哪？嗯，沒有標準答案！我喜歡那種持質鮮明的書和作者…

對我來說，畫畫是可以做一輩子又能不斷成長的工作，你能夠停筆不畫嗎？

你在開玩笑？

我相信，有很多因素造就了我們的特質，我們的缺點就是其一。我們應該了解並接納自己的缺點，其實這就跟臉一樣，號稱零瑕疵的臉孔反而平淡無味，無聊死了。

我也是，對自己的畫，我很少感到滿意，所以我經常重畫。

但寫作是另一回事，我們永遠不知道會走到什麼地方…

那不是很可怕嗎？

的確。不過，有時候我寫了一些東西後會想：「咦，這要是別人寫的，我應該會喜歡。」

偶而有這樣子的想法也不賴！

有意思，但是我不像你那樣把寫作和畫圖分得一清二楚。

喔？

或許是因為你比我更像插畫家吧。

你的畫有什麼缺點？

我想是我的線條太雜了，你看過朱里亞的東西嗎？

呃…

有啦，你看過《藍色筆記》啊！

對嘛，那本還不錯。

這個傢伙很有格調，光是他畫的火柴盒都值得收藏。

墨必斯
也是…

墨必斯是莫扎特和吉米.
罕醉克斯的混合體。

我們聊著《緩刑期》的創作緣起,
上午時光就這麼悄悄溜走。

外面又下起雪來了, 但我們渾然不知, 一路從漫畫聊到諷刺畫、搖滾樂,
尚皮耶也是這兩個領域的玩家。到了午餐時間, 主人端出一瓶好酒。

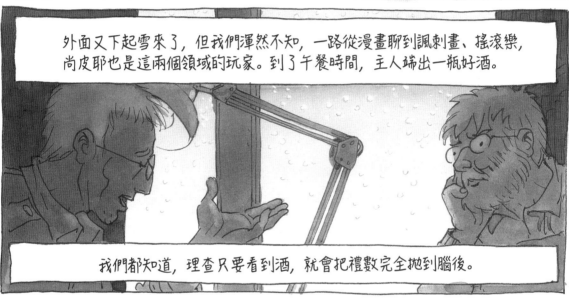

我們都知道, 理查只要看到酒, 就會把禮數完全拋到腦後。

(他來我家吃飯時, 我會請他帶
酒, 這會讓我省掉不少麻煩。)

是波爾多，好喝，
濃醇，成熟，
很不錯。

咻嚕嚕呸...

啊啊啊...

這一點很重要，能感受到這些
人在釀酒時投注的真誠和獲得
的樂趣，其實寫書也一樣。

一點也沒錯。

比方說，我雖然沒讀過《神鬼獵殺》，
不過我覺得插畫家是以誠摯的心創作，
因此我也尊重。

不過光靠誠
懇並不夠。

的確！

沒錯！

喔，我帶了幾瓶酒來送你…

哇，太棒了！

路上小心，旅途順利！

再見，好兄弟！

萬事感謝！

你開心嗎？

當然！太有趣了！

不是啦，我是說你拿到簽名，高興嗎？

傻瓜！

第
四
章

CHAPITRE QUATRE

畫像的藝術與季節輪替
或「鳥嘴理論」

這是你這個禮拜的工作。

好棒的工作啊…

怎麼樣啊？

什麼怎麼樣？

你看的書啊？

昨天我翻開其中一本，裡面有個像伙碎碎念個不停，他有張鳥嘴，但我忘了書名…

《大概約略地》

作者是路易斯．通代。

就是他。

欸唷，不是我的菜，沒劇情嘛…

再說，裡面的圖畫，實在是…

你喜歡嗎？

非常喜歡。

那是1990年代初的作品。

起初是平裝本，分成幾卷發行，有點像美國漫畫。

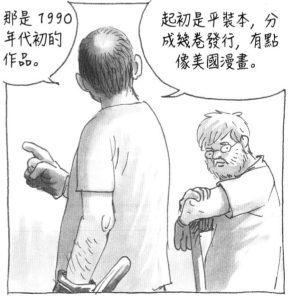

像這種深度內省的故事類型，在當時還很新奇。

是這樣喔？我實在看不出畫這種故事要幹麼。

書中人物毫不留情地質疑自己，你讀著讀著，也對自己提出同樣的疑問。

圖畫保留最基本的元素，只是點到為止，用的是另一種筆法。

唔…

但是，我需要有人跟我說故事。

只要用點心思讀，你會發現這種自傳式的故事，其實也對你說著你的故事。

我以前不知道有這種漫畫，而且…

就是說嘛！你常常抱怨那些迎合大眾胃口的酒被大量生產，現在有本出乎你想像的書，你不能就嫌棄人家吧！

哈哈！來，幹活吧！

不過，這些圖畫實在是…他幹麼替自己畫上鳥嘴呢？

路易斯，這問題請你來回答。

世界上有那麼多的酒農, 那麼多的酒, 我們該怎麼區別呢?

風土條件各異, 當然…

釀造方式有別, 沒錯…

技術不同, 肯定是。

還有才華…

好吧… 這點不容易判斷…

用心, 也算…

再說也靠不住…

不是每次都能表現出來。

我呢, 我有一個很棒的玩意…

我用鳥的嘴巴!

對…

再說, 畫鳥嘴比畫鼻子容易得多了, 也能很快畫好。鼻子還得畫鼻孔…

這一頁是他畫的嗎?

沒錯。

你怎麼做到的?

不難,我把你提到他的書的那幾頁寄給他。

嘿嘿…

還好,他沒生氣。

♫ ♫

我們要走啦？

啊哈，員工守時就是老闆的幸福。

嗨…

欸喲？

你終於？

因為春天到了？

對啦！

今天的工作內容有結束剪枝、焚燒蔓枝，還要…

繼續挖野藤。

確確實實，是他沒錯。

這眾所週知。

萊陽丘的人早就見怪不怪了。

理查.樂華是野外動物,他會隨著季節變化,以兩種面目存在。

寒冬時,他是隻毛茸茸的大熊,用毛髮來抵禦蒙貝諾的寒風。

若你得在山丘上剪八個鐘頭的枝蔓,包準冷死你。

一看到這個壯漢雙頰光溜溜,開車不看著前方,就知道天氣已經回暖了。

看到沒?排水溝長滿了蒲公英,草木又冒出來了!

但是,我必須承認鬍子的變化,帶來了意想不到的問題。

哦?什麼問題?

你滿臉絡腮腮的樣子還滿容易畫的,現在這樣就不好畫了,你不想留回鬍子嗎?

你會想繼續戴帽子、圍圍中嗎?

今天我們要結束剪枝，已經四月初，是時候了。

最後一束。

我來點火。

等一下。

還真得意。

冬季已經結束，要盡快釘滿一千五百根木樁，這些小木樁（偶爾）能夠保護葡萄樹不被橫衝直撞的犁撞壞。

細心一點的讀者應該已經發現酒農的鬍子稀疏了許多。

這意味著春天的腳步近了，是時候為蒙貝諾修補一番，這可是大工程。
這個時候，請幾個臭氣相投的酒農來幫忙是不錯的法子。

於是，理查就這樣當了幾次工頭。

我也因此發現一種以前不曾看過的「腳踏車」機。

沒錯，大家都這麼叫，不過它長得比較像腳踏車的「車頭」。

哈哈哈。

來吧！

挖野藤！

需要花一些力氣，對消耗膽固醇很有幫助。一個人負責一行，大夥兒並肩前進。

很好…

能不能消耗膽固醇，我不知道，但得到肺癌八成沒問題…

別擔心。

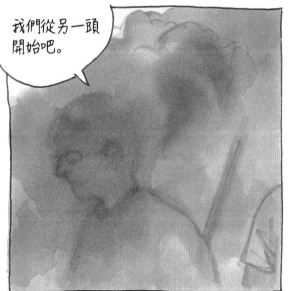

我們從另一頭開始吧。

上工了！不能留下半點野藤哦！

好啦。

看吧, 花苞開始冒出來了。

現在是四月初, 白天是暖和了, 不過一入夜, 氣溫還是會很低, 這段時期很容易發生寒害…

就像2008年…

媽的! 要是再讓我碰到那種狀況, 我只好滾回銀行上班了…

2008 年 4 月 6 日那天, 我有八成的葡萄樹凍傷。

蒙貝諾通常能生產二十一桶, 不過當年卻只釀出了三桶…

胡里耶, 十五桶變七桶。

你就沒有這一類的問題吧?

我的畫室溫度從來沒低於攝氏19度。

第
五
章

CHAPITRE CINQ

一 切 盡 在 不 言 中

該管的是那些使用化學農藥的人，不是我。

不過你有ECO認證啊？

沒錯，從2002年起！

你幹麼不在酒瓶上標示「AB」有機標章呢？

因為我不希望靠有機吸引顧客…

…我呢，我希望顧客是因為喜歡我的酒，才來買我的酒。

第
六
章

CHAPITRE SIX

牛糞的謳歌

我終於見識到什麼叫做「自然動力農法」。

我們還在準備 500 號,就快好了。

2010年6月的一個晚上。

這是什麼?

500 號,就是我們待會要撒在葡萄園地上的東西。

你好!

你變成葡萄酒農了⋯

還是無給職呢!

老奸巨猾的理查。

理查有時會跟隔壁的酒農布魯諾.侯沙合作,他們都為相同的目標奮鬥。

這又是什麼?

填在牛角的牛糞。

什麼?

一桶褐色液體在槳葉不斷強力攪拌下快速轉動。

這些都是母牛的糞便，裝在同樣來自母牛的牛角後，埋入土裡一整個冬天。我們相信這種製劑能有效改善土壤。

每公頃需要 100 公克的牛糞混合30公升的水，為了我的六公頃葡萄園和理查的三公頃葡萄園，我們總共準備270 公升⋯

是喔？

看他笑的，大呆瓜！

100公克的乾牛糞，差不多像這樣多⋯

對於那些把國中數學忘得差不多的讀者，我鄭重提示：一公頃相當於100公尺乘以100公尺，也就是一萬平方公尺。

我說老兄啊，我們要噴的不就是水嘛⋯

別說風涼話了，去準備噴桶吧⋯

喏, 裝滿了。

你知道的, 很有效唷, 這玩意真能活化土壤!

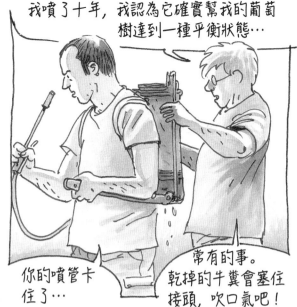

我噴了十年, 我認為它確實幫我的葡萄樹達到一種平衡狀態…

你的噴管卡住了…

常有的事。乾掉的牛糞會塞住接頭, 吹口氣吧!

FFUFP

其實這種牛糞水還挺合我的口味…

好吧, 我同意有效, 不過這製劑是怎麼作用的?

聽好, 我也用曳引機, 而且幾乎天天都用。

不過別問我曳引機怎麼運作, 我真的不知道!

喔, 我發覺只要提到自然動力農法, 你就語帶保留, 不太像我認識的你。

我不是對自然動力農法的原理有所「保留」。

我是對自己實施自然動力農法的能力有所「保留」。

有機栽培的葡萄園和自然動力農法的葡萄園,兩者釀出來的葡萄酒真的不一樣嗎?你做過實驗嗎?

沒有…我的葡萄園太小,沒辦法做,不過…

有個勃根地普里尼蒙哈榭的酒農做過。

他在三分之一的葡萄園上施行慣行耕法,三分之一用有機栽培,三分之一用自然動力農法。

結果是?

單從品飲的角度看,我覺得第三種葡萄園釀的酒豐富多了,也更有生命力。

我光憑感官經驗,就完全接受這個方法,所以別問我技術問題。

我們採用這種農法,就是想釀出活生生的酒!此外,用曳引機噴灑雖然方便,但是親自動手更可貴,能近距離接觸葡萄樹,我很開心!

我完全同意!法國引進自然動力農法大概有三十年了,歐洲北方更早,不過真正的通關密語是我們還在探索。

我們就像三個優瓜，不停地拉抽泵浦，肩膀幾乎被沉重的銅桶壓斷。我們踩著夕陽的餘暉，在葡萄樹行間大步前進。

這個深深吸引理查和布魯諾的方法，是奧地利哲學家魯道夫．史坦納在 1924 年向農民發表一系列演講時所發明的。

今天要是有哪位哲學家想撈過界管農業，一定會被當成怪人。

歷史往前走，我們卻把某些事物遺落在路上。

史坦納是人智哲學學會的創始人，此派思想期許以超物質的觀點看待世界和生命體的關係，自然動力農法就承襲了這種觀念。

自然動力農法認為農人應該尊重並且致力於修復土壤、植物還有動物的生機。

自然動力農法由於拒絕使用化肥和合成物，因此和有機農法很相似。這種農法還依循天體運行的規律來耕種，使用的製劑都以動植物為主要的配方，像是這奇妙的 500 號。

就我對這兩人的了解，他們比絕大多數的人都還要務實，並不吃神祕學那一套。

嘖，又塞住了！

大夥們，這感覺好奇妙，我竟然在做一件連我自己都不相信的事。

這方法對大部分人來說的確很詭異。

有些慣行農法的酒農還以為我們信什麼邪教哩。

欸？被你一說，我忽然覺得你們怪可怕的！

嘿嘿！來不及啦！

哈，你被污染了！

哈哈！

我們把一大桶製劑放在廂型車上，不斷回去，把噴桶加滿。

重新開始。

天啦，我噴到一隻山鷸。

牠死不了的。

一禮拜後，牠還會長到100公分高呢。

是喔，牠頂多只接收到百萬分之一粒的牛糞，而且連糞味都聞不到。

我知道你不太相信我們的製劑…我好奇等我們噴 501 號時，你會有什麼反應。對了，你喜歡早起嗎？

幹麼這麼問？

2010年 6月30日。　　清晨 5 點。

看, 他真的來了！

我不想錯過奇人異事。這次是什麼玩意？天女散花嗎？

你該順便帶幾個可頌來的…

這是？

501 號製劑。

上一次是為了活化土壤。

這非常重要，這麼一來，葡萄樹才會往深處扎根，這樣釀出來的酒，也才會有更豐富的性格。

不過今天，我們把焦點放在植物本能，希望幫助葉子伸向天空、迎接陽光。

土壤和陽光構成了葡萄樹，在葡萄酒的世界，兩者缺一不可！

要怎麼讓葉子迎接陽光呢？

利用矽。

矽是一種礦物質，有點像石頭粉。

每公頃需要3公克。

3公克…相當於一個指頭的大小。

還不到哩。

卻要噴完一公頃？

我就知道你會喜歡。

少吹牛了。

我沒吹牛，而且千萬不能超過，不然葡萄園會烤焦。

有烤焦過嗎？

有的。

脫下背包吧。

大家左手拉下幫浦桿，右手沿著水平方向，大幅搖擺掃過葡萄園，在一片嘶嘶噴水聲和金屬咿呀聲中，我們緩緩前進。

跳著自然動力農法之舞。

在沁涼的迷濛中並肩前進，任水氣灑落在我們的臉上。

很快就渾身濕透，但我們從容享受日出時分生機盎然的清涼感。

當太陽出現在樹梢上，我們打從心底歡迎。

在白天與黑夜之間，

天空和大地之間。

我們的時間停止了⋯

言語變得多餘。

你也可以把矽想像成水晶，像是我們放在葉子上的捕光陷阱。

了解。

我不是研究員，也不是生物學家，更不是巫師。我是酒農，我只知道一件事：最讓我有感覺的酒，都來自施行自然動力農法的葡萄園。

我是從別人的酒體認到這些。

還有一點，

帶領我發現自然動力農法的那些人，全都具備我最推崇的美德，像是細心、尊重、謙卑，這些都很重要…

和朋友一起動手做，也很重要。

太陽照屁股啦！別拖泥帶水了。

你被說服了嗎？

嗯…有一點…

我冊封你為神聖的大矽騎士。

吾受之有愧。

呀哈哈哈!

我們不拖泥帶水

但也不忘趁機嬉笑打鬧。

噴完胡里耶園區時, 天氣已經很熱。

你們有噴邊緣地帶的葡萄樹嗎?

有。

都噴了!
我還剩一點。

這玩意不會傷害皮膚吧?

不但不。

還保證你馬上曬成古銅色!

你在幹麼?

你在想, 我這部老爺車為什麼還跑得動?

哈哈哈哈!

第
七
章

CHAPITRE SEPT

近距離接觸的問題

這場景彷彿新娘子坐在花轎上, 後面跟著兩個伴娘在葡萄樹間搖搖晃晃。

新娘劈哩拍啦放屁, 還擦了柴油香水。

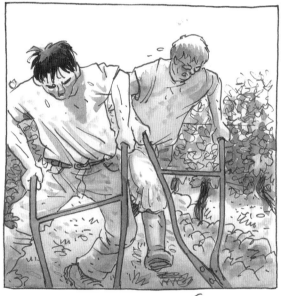

兩個伴娘都面目猙獰, 步履蹣跚。

喂! 該輪到你了?

我們重新上路，耙過胡里耶區的砂質片岩地和卵石層…

有時就像參加越野摩托車障礙賽。

石石石頭！

只是石頭嗎？

所幸，我的殺戮名單上再也沒有出現新的葡萄樹受害者。

後來只發生幾起零星意外：包括一支脆弱的開口銷…

這個通常能承受兩公噸的重量。

還撞到一顆深藏不露的大石頭，很不幸地，我沒抓牢把手。

噢…要命！

哈哈，樹反擊嘍！

大家都很賣力，我很開心！

幾天後，我們看到一個傢伙在噴灑除草劑，我忍不住說了…

這個方法起碼不那麼耗費體力吧？

看到沒？那傢伙坐在駕駛艙裡，頭戴面具，全身包得密不透風，他今天八成不會沾到泥巴，也不會碰到葡萄樹吧。

酒農要近距離接觸他的工作，無論是身體上還是心靈上…當你喝酒時，別忘了這點。

第八章

CHAPITRE HUIT

紐約－蒙貝諾－紐約

理查等著羅伯．帕克的手下造訪，他要來品酒。

這傢伙已經遲到很久了，他還在安茹鄉間四處找路。

他來自遙遠的北美洲大陸，所以我們都不怪他。

他不停打電話要理查指路。

沒錯，非常好，現在左轉…

無論如何，在葡萄酒愛好者的世界中，紐約羅伯．帕克的大名可是無人不知、無人不曉。二十多年來，這個美國佬靠著他那本葡萄酒購買指南名滿天下，他用百分制為心目中最棒的酒打分數。

你見過羅伯嗎？

沒。

在行家和酒農的圈子裡，有人把他捧上天，認為他簡直就是白色天使，一手把葡萄酒工藝推向民主和現代化，他的酒評已經被奉為聖經。

你怎麼想呢？

噢，我不贊成也不反對…

反對派視他為推動葡萄酒全球化和標準化的洪水猛獸、極端自由主義分子，這些人反對將酒簡化成愚蠢的分數，那可都是透過變幻莫測的神祕煉金術調製出的瓊漿玉液。他們擔心葡萄酒的「帕克化」及其連帶風險。

說來複雜，帕克不是笨蛋，不管怎麼說，他很了解某一些產區的酒。我最欣賞的，是他對世界各地的酒都有研究，還有，他不相信「典型特徵」…

產區具有「典型特徵」的說法總是能打動客人，不過這根本就是胡說八道！

某個地區大部分的酒都釀得很爛，但這些酒的味道卻構成這個地區的「典型特徵」…

在帕克之前，波爾多對品酒師不屑一顧。後來出現了這號人物，他給酒評分，簡單又一目了然，這一招馬上擄獲美國市場的心！

從此以後，很多葡萄農都以迎合帕克的口味為目標…

問題未必出在他身上…

而是出在權威身上。

另外，我很反對評分制，或許參考起來很容易，不過不夠細緻！

風土、葡萄、全年氣候變化、釀酒師的付出等，都會微妙地影響酒的品質！

品酒可不是在做數學習題！

那你為什麼答應見他呢？

他是經驗豐富的品酒師，我沒理由拒他於門外。再說，我也很想知道他的看法…

不過，這就跟其他品酒師來訪沒啥兩樣。

喔，他怎麼還沒到？

到目前為止，理查的酒都通過了入會門檻極高的「帕克90分以上俱樂部」，換言之，他的酒都獲得百分制90分以上的高分。

那傢伙終於到了。

他每喝完一杯，就到角落喃喃自語，用錄音機錄下評語，但說的都是英文。

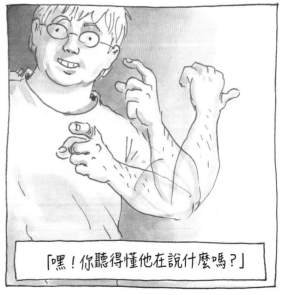

「嘿！你聽得懂他在說什麼嗎？」

不過他的聲音太小，我的英文又差，實在無法藉機展開我的間諜事業。

他品嘗了還在酒桶裡發酵的酒，還有前幾年釀的酒，只問了幾個技術問題。

我看著我的夥伴費盡心機，試著跟他對到眼，好聊上幾句。

當然了，任何人想要多了解理查的酒，理查都會提議他去蒙貝諾看看。

但這傢伙拒絕了，理由是他要趕回巴黎搭明天一大早的飛機回紐約，不過我們的理查兄可不會輕易讓步。

我堅持，一下子就好了。

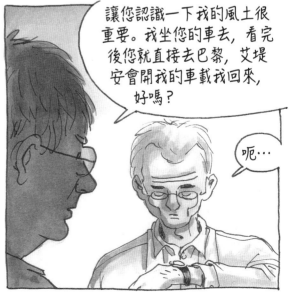

讓您認識一下我的風土很重要。我坐您的車去，看完後您就直接去巴黎，艾堤安會開我的車載我回來，好嗎？

呃…

這傢伙接受理查的提議是對的，就我們對理查的了解，拒絕去蒙貝諾的傢伙是不是有機會活命，還是未知數。

鑰匙在車裡！

我很快就跟上！

我隨後就發動了車子，最後只比他們晚兩分鐘到達現場。

結束啦？

他有走出車子，只是說什麼也不肯離開門邊。

真是怪人，
是吧？

是啊，我看過不少人在你的酒窖裡來來去去，他們來自世界各地，一般都很隨和，但這種人我還是頭一次遇見。我們至少可以說，他不想要有接觸…

可不是嗎？

他只是埋頭品酒，這是他的選擇，但他不考慮酒和環境的關係，讓我不太爽，而我，我覺得我還沒讓他看到我所做的哪！

開什麼玩笑！酒是讓人放輕鬆的，是相遇的起點，能維繫人和人之間的關係！

但有趣的是，這個傢伙不是什麼半調子，他對干白酒很有研究，我們應該聊幾句的…

不過，沒辦法…

先生要趕飛機哪…

111

第
九
章

CHAPITRE NEUF

蠢話（有時）也會變成
好點子

決定這本書誕生的所有重要時刻中，這一個絕對不能不提。

幾年前，我為上一本書上色時，理查剛好造訪我的畫室。

是出版社告訴你，你該畫什麼顏色嗎？

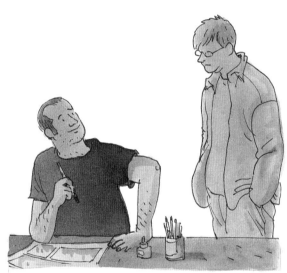

怎麼了？

我說錯了嗎？

沒錯。

當時我想，正因為你什麼都不懂，在我眼中反而顯得有趣。

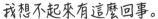我想不起來有這麼回事。

嘿嘿, 但我記得一清二楚。

你打算把我畫成傻瓜嗎?

放心, 我在你的葡萄園也半斤八兩。

哈哈哈, 好吧, 我們扯平。

快點, 我們快趕不上了。

既然你不知道出版社都在做些什麼…

我想你該親自了解一下。

還很遠嗎?

不遠, 快到了。

因為在這種高溫下…

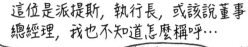

這位是編輯總監賽巴斯提安。

歡迎光臨未來之城!

你好!

這位是派提斯,執行長,或該說董事總經理,我也不知道怎麼稱呼…

都可以啦。你好!

你好!

這位是主編亞倫,他也負責外文圖書的編譯。

很開心認識你!

你好!

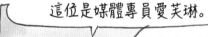

這位是媒體專員愛芙琳。

終於見到廬山真面目!

妳好!

這位是助理艾麗茲。

久仰大名!

妳好!

你在印刷廠見過法畢安了。

哈哈,沒鬍子完全認不出來啊!

你好!

這位是版面設計賽莉亞, 她剛來…

妳好!

對, 我是公司的新人!

這是藝術總監狄迪耶。

你好!

你記得住每個人的名字嗎?

我就不再介紹這本書的主編了。

你好, 克勞德。

你帶來的酒都放到冰箱了。

(可想而知, 兩位老兄在這本書開始進行時已經見過面了。)

你們來得正是時候, 我們正要開每週例行的編輯會議。

意思是?

請坐, 我們今天要討論出版進度。

開始吧。

今天是 2010 年 7 月。首先討論預計在 9 月推出的新書。

很高興紀胡、拉皮耶和梅耶合著的《黑色書頁》即將送進印刷廠。

第二個好消息：我們收到巴胡的新書《布魯諾，讓你的貝斯鏗鏘響吧》的插畫，現在應該趕快印出打樣，寄給他校正。

克里斯和馬埃爾的《戰爭乃吾母》第二卷還不確定什麼時候完成，插畫家會把最後一部分的插畫直接寄給照相製版專員。喔，還來得及。

主編逐一報告手上正在進行的圖書，試著評估進度，也不時面露苦色。

我從旁觀察這位酒農，他靜靜端坐在房間的中央，我知道，他正為自己沒能趕在暴雨前噴灑葡萄園卻跑到這裡來而有點難過。

這就好比機場塔台來了一位重量級訪客。

書就像逐漸接近的遠航客機，在長途飛行中遭遇許多空中亂流，而出版社的工作便是引導飛機從容降落在這間辦公室，儘管狂風大作，旅途勞頓。

尚皮耶. 吉伯哈在他的駕駛艙上宣布《瑪代歐》第二卷已經來到跑道中心線。

你們知道嗎？尚皮耶今天會帶五十多幅漫畫原稿過來喔！

啊哈！

太棒了！

尚皮耶萬歲！

很好…《移民》這本合集進行得如何了？

嗯, 很順利, 所有作者都已經交出文字和插圖了, 現在只缺封面。

亞倫, 你能不能跟負責封面的插畫家搖一搖鈴？

很樂意！我一定會讓他聽見！

哈哈哈！

嘿嘿嘿…

?

喔, 好啦, 好啦, 下週一定交。

未來之城, 大家好!

尚皮耶.吉伯哈駕到!

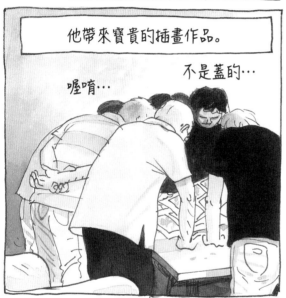

他帶來寶貴的插畫作品。

喔唷…

不是蓋的…

是時候品嘗客人帶來的酒了…

卻差點引起外交事故。

沒有開瓶器!怎麼可能沒有開瓶器?!

艾麗茲快馬加鞭到附近酒吧借了一個, 這才化解危機。

嗯, 竟然是塑膠杯…

呃…我們也有三個香檳高腳杯…

算了…

編輯團隊終於嘗到諾埃爾蒙貝諾和胡里耶。

你們感受到風土的不同嗎?

嗯… 可以再來一杯胡里耶?

這個一定得嘗嘗！

那個也是！

這個地方很平易近人…雖然布置得有點怪異。

是啊。

這個不行,難喝死了！

請開這兩瓶酒,

用來開席。

這位先生是酒農。

?

真的嗎？請問酒莊位於何處？

這兩位同行利用等待用餐的空檔,交換酒圈共同友人的近況。

這是「博普羅旺斯」,嘗嘗看,亨利.米蘭的酒莊。

那裡的岩石很棒

注意,這酒可不含硫喔！

我跟你們說過我小時候祖父在佩里高有片葡萄園嗎？

我小時候都喝一種廉價酒，我覺得很好喝，正值壯年的祖父說：「簡直就是『卡侯酒』！」

為喝過的酒、看過的書鬥嘴。

這頓在巴黎某個地下室進行的午餐，聊的盡是這些話題。

這時候，大家故意抬槓，讓氣氛變得更熱絡。

也許這就是酒和書的功能吧：讓大家心平氣和地吵架。

到了咖啡時間，店主端著托盤下樓。

本店特別招待，但恕不奉告酒名，請各位自行猜測。

這個？

嗅嗅

菲利浦‧古東的「灰塔」。

賓果！

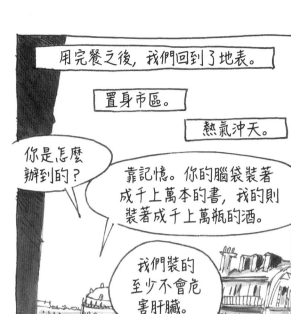

用完餐之後, 我們回到了地表。

置身市區。

熱氣沖天。

你是怎麼辦到的?

靠記憶。你的腦袋裝著成千上萬本的書, 我的則裝著成千上萬瓶的酒。

我們裝的至少不會危害肝臟。

回到辦公室。

你怎麼評估一本書值不值得出版?

喔, 我不評估, 我只要被打動就行了。

你看到我後面的櫃子嗎?

我們叫「退貨櫃」。克勞德、亞倫和我, 我們三個人每年收到八百件以上的新書提案。

但我們今年頂多出版五十本書。

其中又有四十多位作者已經在我們家出過書。

那些都是剛剛收到的新書提案。

這本? 我可以讀嗎?

當然, 拆開吧。

怎麼樣?

等等,我先看一下…
喔,我對書一竅不通啦,
不過在我看來,不太
有趣哩…

這一刻讓我不禁回想起二十年前,我也曾經懷把無限希望,寄給出版社相似的牛皮紙袋。

說來很蠢。

我忍不住繃緊屁股。

給我看。

嗯,看來這個小伙子不知道未來之城都出些什麼書。

這封信寫得中規中矩,他八成抄了好幾份,寄給每一家出版社。

如果提案打動我們,我們會一起討論,但他應該沒有這機會。

獻上同業的哀悼。

你後悔過嗎?

當然啦!錯失好書是常有的事。別家一出版,我們讀了以後才發現。

你會回信嗎?

會,我會回信。

不過我們主要的工作是照顧我們出的書,而不是我們沒出的書!

在這山丘上，我們想著酒以外的事。

我們今天在不太一樣的山丘漫步。

謝啦，掰！

下回見！

我們得趕回去，理查他…

如何呢？

沒想到出版社是這樣子。

怎麼說？

我以為會比較冷淡，就像一般公司。

是一般公司呀，

只不過生產的是圖書。而書是一種很奇妙的東西，包涵了思緒、情感，很脆弱也很複雜，跟生產冰箱或汽車不一樣。

沒錯，我感覺到真正的關懷、人性的親近…有意思！

暴風雨的天空好壯觀哪！

我為了去出版社，沒空噴灑葡萄園。原諒我對這個即將到我的葡萄園作亂的暴風雨所形成的景色沒啥感覺。

真可悲，沉睡在你內心的美感被你酒莊主人的本性吞噬殆盡…

你知道酒莊主人想對你說什麼嗎？

第十章

CHAPITRE DIX

説錯話了

昨夜下了整整一晚的暴雨。

今天早上，山丘上吹著黏稠厚重的西風。

瓦灰色的天空下，葡萄園顯得格外青翠，在豔陽天下也不曾如此碧綠。

又一個暴風雨形成中，我們首當其衝。我細細品味這山雨欲來的微妙氣氛。

但我按捺著不說。

現在呢？

嗯，不下雨的時候噴灑，是比較好啦。

不過我想在暴雨前先灑一點。

等一下，我想畫你的噴霧機。

沒時間啦！再說，這玩意有啥好畫的！

我想畫下來，是因為噴霧機很像杜象的現成物藝術品。

可惜的是，噴管一開始晃動，那優雅的造形就瞬間消失無蹤，原形畢露。

像隻肥胖的鵝被人牽著鼻子走，笨拙地跟在老闆後面搖頭晃腦又拼命嘔吐。

虎視眈眈的暴雨艦隊終於從我們頭上飛過，雷聲大作，落下幾滴微溫的雨點。

葡萄樹結果後，酒農最怕下冰雹，但這一回不會出現冰雹。

波爾多液和硫磺劑－有機農耕獲准使用的藥劑－（幾乎）都趁無雨的時候噴灑。

葡萄樹以驚人的速度成長。

酒農整個夏天都很有得忙。

五、六月是剪除贅芽的季節。

也就是剪掉多餘的芽眼，每株葡萄樹只留下六個左右。看到這些綠點沒，這就是芽眼…咔…剪掉！

為什麼要剪掉？

讓葡萄樹長出勻稱的形狀，這很重要，到了冬天也比較容易剪枝。

剪吧。刮乾淨。

像這樣？

而且還能限制每株葡萄的產量，我認為要結出好葡萄，就不能結得多。

喔，你該不會是「節育計畫」的信徒吧？

對我的葡萄園，那肯定是！

六月末，葡萄樹開枝散葉，朝天空蓬勃伸展，這時的葡萄園如森林般繁茂。這時也是施行「綁縛」的季節。

不折斷枝蔓，讓枝蔓順著繩子生長。

枝蔓高興的話，便會攀附在繩子上。

接著，為了避免風害，也為了提醒葡萄藤誰是老大，得開始截頭。

很多人駕駛曳引機截頭，但我的葡萄園不大。

我喜歡親手剪。

這樣才聽得見葡萄樹想對我說些什麼。

我在今夏發現酒農其實是走路的行業。

八月葡萄開始成熟，這時得為葡萄疏枝。

喔⋯我覺得這項工作很重要。我得摘掉一些葡萄，以免葡萄因相互接觸而腐爛。

要是你覺得自己不夠忙，還有許多抓地力超強的樹莓野藤等著你，而你必須頂著灼熱的太陽挖鑿。

到頭來，用一下化學除草劑，或許也不算壞事！

什麼？

別緊張，跟你鬧著玩的。

某天早上，理查招待他的英國進口商尼克，同行的還有一位劍橋地質學者。

這是丹。

幸會，幸會！

嗯… 你好。

丹嘗過蒙貝諾的葡萄酒後，想看看那邊的石頭。他敲碎幾塊流紋岩，試著尋找花崗岩結晶。

你看到了嗎？

我們聊了一會。

我對葡萄酒的礦物成分特別感興趣。搞懂葡萄酒為什麼含有石頭這件事實在太迷人了。

當酒農需要精通十八般武藝。

必須具備地質學、生物學、化學、氣象學、植物學等多種專業知識，甚至還要懂烹飪。

還要會說外文哩!

哈哈!

2010年的夏天,我的酒農朋友也忙著別的事。

你在哪?

這裡!

這些是這一週的讀物!

今天的都是英文漫畫。

唔,這本厚重的玩意是什麼?

艾倫.摩爾和大衛.吉布斯的《守護者》。

穿緊身衣的超級英雄?不是我喜歡的類型…不覺得很醜嗎?

別太快下定論。

這本書用細膩而複雜的手法,重塑美國神話,我猜不會是你的最愛,不過讀讀看嘛。

我試試。

這本又是什麼?

《鼠族》,很特別的一本書,作者是阿特.史匹格曼。

哇,畫風還真奇怪…

老兄,這一本書拜託你要讀到最後一頁。

你為我準備了什麼好東西?

我們來嘗1989年的酒,大家都說這是偉大的年份。來吧,好戲登場!

1989德國麗瑟酒莊
精選麗絲玲白酒

咻嚕嚕…

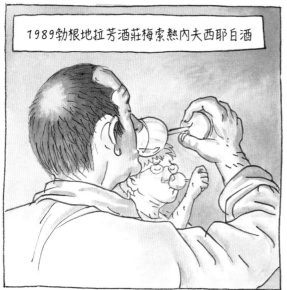

1989勃根地拉芳酒莊梅索熱內夫西耶白酒

1989勃根地阿蒙伯爵酒莊艾佩諾園波瑪白酒

1989波爾多聖愛美濃特級
產區湯普隆夢登酒堡紅酒

等不及
備載。

怎麼樣？

很美麗的漫步啊！

這些酒莊大多不關心土壤的耕耘，但有少數例外，像梅索、波瑪都是施行自然動力農法的先驅。

那一年用自然動力農法的酒農並不多。

我不怎麼喜歡這支酒…

不行啦。

這支？那就別喝，倒掉吧。

當然可以倒掉。

哈哈哈哈！

這麼好笑？

不懂酒的人才能這麼酷。對許多「鑑賞家」來說，你剛才的舉動實在是大逆不道啊！

真的嗎？

千真萬確！我認識不少費盡苦心要嘗到這支酒的人。這支酒在拍賣會上一瓶動輒數百歐元。有意思的是，你這門外漢卻這麼乾脆地說不喜歡。

一無所知才自由？真是矛盾！

喏，嘗這一支吧。

什麼酒？

先別問，喝吧！

咻嚕嚕…

嗯…

怎麼樣？喜不喜歡？這是唯一值得問的問題。

喜歡。這支…

你覺得比不上剛剛才喝過的酒嗎？

不會。

這什麼酒？

2008年梭慕爾梅拉希克酒莊「石頭彈珠」紅酒

一瓶不到20歐元。

我們之前喝的都是很精緻的酒，評分高，價格也貴，簡單說來，就是「頂級名酒」。

而這一瓶，我不知道算不算「頂級名酒」，我只知道我跟你一樣很高興能喝到。這支酒的酒體非常美好。

但一跟別的酒擺在一起，就不受注目。

這都怪潮流和媒體權力。你們漫畫界也有類似的問題吧？

問題可能不那麼嚴重。

我們的書有文學專欄辯護，而且真正的批評只侷限在小圈子裡。

繼續喝嗎？

來吧！

沒錯，我們都有點像是被打分數的中學生。

雖然他們個個都有超能力，還穿著五顏六色的緊身衣，而且獲得如潮佳評⋯

這一夜，守護者卻兵敗如山倒。

這個夏天勤奮工作的不只理查，還有橡木桶中的2009年葡萄酒。

借過！

來看這桶酒釀得如何了。

畢竟聽也聽不出端倪。

我們小心翼翼地品嘗每一桶酒。

好，底部的那兩、三桶酒都還得再等一等，但是其他的酒，都已經發酵好了。

所以你不能再做什麼了？

喔，還是可以！「添桶」很重要，為了避免酒和空氣接觸而氧化，必須不斷在每個酒桶裡添加葡萄酒。

每一桶酒每一年都會因為酒液揮發、被酒桶吸收，還有發酵作用，而耗掉十公升的酒液⋯

喏，我想知道你對這支酒的高見。

什麼酒？

嘗嘗吧。

白梢楠，是嗎？

就喝吧。

怎樣？

不怎麼樣嘛。

我不太喜歡⋯

這支酒，老實說，我沒什麼好感。

你喜歡嗎？這是什麼酒？

是我的酒，2004年份的諾埃爾蒙貝諾。

多謝你的寶貴意見。

噢…

順道一提，你讓《露露，裸露的女人》裡的人物喝了這支酒。

對哦，該死。

我只是想知道你能不能記住喝過的酒。

在喝遍整個酒窖後這麼做實在不厚道。你也知道這種狀況下我記得起來才怪。

的確有待加強！

認出一本書肯定比較容易…

是喔！

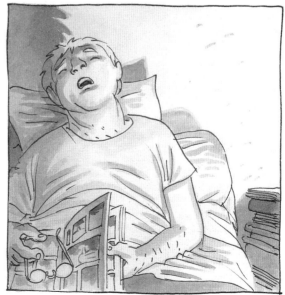

對了，你最近借給我的書真的很特別，
黑白圖畫，故事有點古怪…

「古怪」？
你在說誰？

我忘了名字，
不過我從沒看過這
樣的作品！

第十一章

CHAPITRE ONZE

黑與白的世界

那個畫「黑白圖畫，故事有點古怪」的傢伙叫做馬克安瑞．馬修。

說到黑白圖畫，你讀過《鼠族》了吧，你還沒告訴我有什麼感想。

聽好，剛開始不太對味，那些烏漆抹黑的小圖畫和小動物實在不怎麼吸引我。

不可思議的是，一旦進入狀況，就欲罷不能了。故事描寫二戰期間猶太人的遭遇，這是本不容錯過的好書，每個人都該讀，你說是嗎？

我不但同意，而且每次遇到有人質疑漫畫的價值，我就請他們讀這一本。

這本書再次證明了這點：如果我們能用漫畫表達這樣的故事，那就表示漫畫這個文類確實值得用心耕耘。

怪的是，畫風走極簡風格，但我們壓根不會注意到這點。

不，不可能不注意到，這畫風跟內容互相呼應，是整個敘事的支柱。

如果畫得太寫實，《鼠族》會變得很低俗。

我們到啦。

你好，馬克安端。

哈囉，理查。

我讀了你的全部作品，不過，老實說，我不太喜歡。

真的？

但我大開眼界，我沒看過這樣的世界觀，還有這麼徹底的黑白分明。

我們待會再好好聊。

現在，先嘗嘗這瓶酒吧。

我很難不注意到在馬克安端的花園裡流動的沁涼綠蔭，那正好跟他漫畫裡濃重的黑色和明亮的白色相互呼應。

嗯…這支酒我喝過。

對，沒錯，是 2006 年份艾爾貝酒莊的白梢楠。

噢，他們接下一座1920年代開墾的葡萄園，產量不多，但釀出的酒令人驚艷，是很用心的酒農。

安茹的酒在最近幾年發生了不少變化，非常有意思。

的確，安茹形成很活躍的團體，大夥兒聚在一起，互相交換經驗，這樣的確能推動進步！噢，我們今天其實要談漫畫的。

酒和漫畫都談。奇妙的是，這兩者從二十多年前開始，都發生了某種復興…

哈，這倒是！

但是，你不只畫漫畫，對吧？

沒錯。我除了寫作以外，也和好友菲利浦．勒呂克合作，我們在昂熱經營舞台裝置工作室「露西隆」。

我在這兩份工作中找到完美平衡：透過工作室，我們設計展覽、海報，和各個市政府及展覽單位合作。我們到處旅行，這份工作必須跟人接觸，經營關係。

但是，漫畫卻恰恰好相反。

怎麼說？

我能跳脫現實。

我能打破敘事的規則。

我能創造夢想中的世界。

稀奇古怪的世界。

我可以主宰一切。

那也是我筆下最重要人物朱利斯.柯杭登.阿克法克生活的世界。

好怪的名字！

要是我告訴你，馬克安端是卡夫卡的書迷，就一點都不怪了。你把卡夫卡這名字倒著讀看看。

噢，對吧。

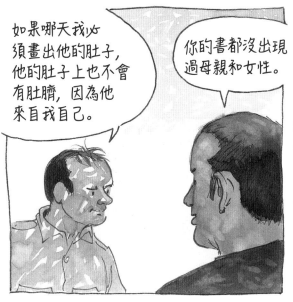

如果哪天我必須畫出他的肚子，他的肚子上也不會有肚臍，因為他來自我自己。

你的書都沒出現過母親和女性。

也沒有樹木，沒有任何現實的東西。我的人物是一種概念，他們必須接受自己是紙上人物。

真有趣！你們倆天差地別，簡直像是從事不同的工作！

我不同意。我們倆有個共通點：我們不只是說故事的人，我們的漫畫等於寫作，我們的目的在於敘事，在於書本身。我們的創作概念其實殊途同歸。

一點也沒錯。

好吧，但你們的故事一點也沒有共通點啊！

我們的故事沒有，不過目標是一致的：開發漫畫的各種潛能，並帶著讀者一起旅行！

只不過參觀的地點不同。

要是沒有「露西隆」的舞台裝置工作，我可能會畫很不一樣的漫畫，大概會貼近現實吧。

你可以舉出你做過的舞台裝置嗎？

里爾在2004年被選為歐洲文化之都，我的團隊向里爾市府提出「懸浮森林」的計畫，他們接受了。

「懸浮森林」是什麼？

就像這樣。

哇喔，還滿特別的。

這張相片清楚呈現這項計畫的整體樣貌。你可以想像，在點子成形後後還有成千上萬的問題要解決！

爭取經費、向行政單位申請許可、跟保險公司談判、找技術團隊，這些都離朱利斯．柯抗登．阿克法克的世界非常遙遠！

我倒覺得本質上其實很接近。可以給理查看你的漫畫嗎？

馬克的畫室位於頂樓，能夠俯瞰羅亞爾河，也能遠眺昂熱市區的塔樓。

我們就這樣觀賞原稿，觀賞了許久。

理查發現籌備中新書的圖畫。

老兄，這可是世界級獨家呀！

後來，我們在一家河濱小餐館用餐。話匣子一開，加上美酒助興，聊個不停。

如果我說，你的漫畫不是我喜歡的類型，我沒辦法進入，你會覺得受傷嗎？

不會。我們的書沒辦法取悅每個人，我甚至覺得本來就不該這樣。

是嗎？

我認為最重要的是作品符合我想建構的世界觀…然後，想進去的人就進去吧。

我想，或許是你用那麼深沉的黑色和強烈反差，讓理查難以招架吧。

你喜歡嗎？至少，你就不這麼畫嘛？

其實，我就是因為喜歡馬克這種畫法，自己才不畫。他的黑色一點也不空洞，而是提供讀者自我投射的心理空間，讓敘事更豐富。

噢，我倒沒看出來…

你是怎麼投入這一行的？

我來自一個不看電視的家庭，那是我父母的選擇。不過，我家有很多書，圖像是我們家的文化，我的哥哥也畫漫畫。

1979年，我進入昂熱的美術學院，認識巴斯卡．哈巴泰，那是一段很美好的時光，我們學到各種美術技能…

但獨缺一種，你猜是哪一種？

漫畫？　沒錯。　我大學讀造型藝術時，也遇到同樣的問題…

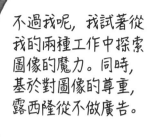

漫畫一直被輕視啊！

不過我呢，我試著從我的兩種工作中探索圖像的魔力。同時，基於對圖像的尊重，露西隆從不做廣告。

我們覺得，廣告很邪惡。

我們有三名員工，伊莎貝拉負責行政。我們大可以擴大經營，但寧可保持小規模，這樣才能向我們不喜歡的工作說不。

這是一種道德。

喔，我完全贊成。維持小規模才能掌控品質！就讓我們一起拒絕擴大！

釀好酒也是一種道德嗎？

那還用說。

有時你的問題真令人猜不到…

第十二章

CHAPITRE DOUZE

當酒農説「我加了硫」，
我們除了忍受，也別無他法

喂，老兄！

不准碰！

滾開！

嘿！好歹這裡是蒙貝諾！

噢，你沒真的嚇到牠吧…

牠們來自附近的樹林。每到這個季節，葡萄一變甜，就把這兒當成餐館！

你這不知感恩的傢伙，牠們到你這裡而不去別的葡萄園，你該偷笑了。

小聲點，免得牠們聽見。

盛夏近了，酒窖也有進展，情況變明朗。

解釋一下發酵作用吧。

你沒什麼化學常識，是嗎？

我是搞文學的，先生。

好吧，我盡量簡單扼要。

拜託了。

第一種發酵叫做蘋果乳酸發酵，是酒裡頭的細菌發生作用，把蘋果酸轉換成乳酸。

第二種則是酒精發酵，酵母菌把糖分轉換成酒精。

要釀不甜的酒，像理查的酒，全部糖分都得轉換成酒精，沒有二話。

理查釀酒不用硫，所以不控制發酵過程。

任由葡萄汁自然發展，在正常情況下會變成醋。

不過，你放任葡萄汁自然發展，卻變成酒，為什麼？

我不知道。

靠經驗吧。

2004年，我看著我釀的酒全部泡湯，統統變成醋。有人告訴我：「加硫能遏止。」

於是我加了硫。但沒有任何起色，釀的酒不但有硫味，還有揮發酸。

後來我再也不加硫。

結果？

你希望我說什麼？後來，我就再也沒出過錯。看下一個採收季會不會出問題吧…

要讓釀酒過程保持正常，幾乎不可能不使用這種抗氧化劑，這是絕大部分酒窖的信條。

但有少數幾間酒窖不用或幾乎沒用，這要冒很大的風險，因為後果完全無法預測。

也因此，我這個酒農夥伴雖然依舊信心滿滿，卻也難得露出幾分謙卑。

162

還好嗎？

好得很！現在是一年中我最喜愛的時光！

步入九月。

真遜…混帳東西…氣死人了…

葡萄酒好了，該離開溫暖舒適的橡木桶，移駕酒槽裝瓶，展開旅行的首步。

王八蛋…可惡透頂。

為了裝瓶順利，得加少許硫磺。

你一定要畫出來嗎？

我只是做點筆記。你都做到這種程度了，就不能省掉這道程序嗎？

嗯，說得倒容易。

我還不敢做無硫裝瓶，因為這時候酒會直接接觸到空氣，不加硫磺的話，酒很可能會毀於一旦。

你加了多少？

一公升大約添加了30毫克的硫。

經測量後是34毫克。

我還是不懂，這樣很多嗎？

有機葡萄酒可添加到120毫克，非有機210毫克。

我試著往0趨近。

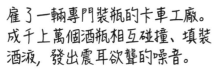

雇了一輛專門裝瓶的卡車工廠。
成千上萬個酒瓶相互碰撞、填裝
酒液，發出震耳欲聾的噪音。

這些技術性的玩意畫起來不太有趣。

酒農站在 2009 年份的新酒前擺姿勢。

一付開心的模樣。

現在就剩銷售了。

喔，那個
以後再說。

進入九月以後，葡萄採收季也開
始倒數計時，得趕快清洗酒桶。

注入
清水。

把鐵鍊放進
桶子裡…

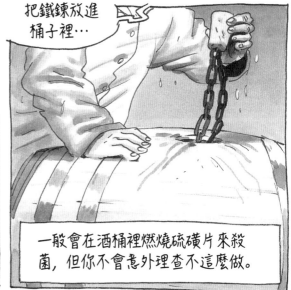

一般會在酒桶裡燃燒硫磺片來殺
菌，但你不會意外理查不這麼做。

理查只用清水。

以及汗水。

你把酒桶從右邊轉到左邊，讓酒桶像這樣自轉。

這酒桶有多重？

全新的是 50 公斤，但這酒桶的木頭吸飽了酒液，我就不知道了。

清水沖洗加上鐵鍊不斷刮擦內壁，最後桶孔流出像焦糖一樣的金黃色碎片。

這些是酒垢，嘗嘗吧！

你們還記得大衛. 希爾納西特？那個怕克指南派來的人？他的評分已經在美國出版，朋友剛寄給我。他的評語裡都是讚美，胡里耶繼續留在 90 分以上俱樂部，不過蒙貝諾下滑到 87 分，他的看法是酒已經存放一段時間，可能有「輕微的氧化現象」。

什麼？

最後這一點讓酒農長聲一嘆。

真的？你的酒有氧化現象？

噢，我的酒一直都是一樣的！跟他平時喝的酒比起來，的確是。我想他不了解我，我的釀法只有少數人在做，他不能體會。

跟我來吧。

165

這是他的私房酒窖, 收藏世界各地的美酒, 是許多酒類愛好者眼中的天堂。

嘗嘗吧。

有氧化嗎?

依我的淺見, 沒有, 這是什麼酒?

2005 年份的蒙貝諾, 無硫釀造, 個性直接, 餘韻長久, 扎實飽滿不嗆鼻。現在把這瓶酒帶回家, 開瓶放一個禮拜也不會走味。

這證明了不加硫是可行的。

喏, 你看到那兩桶酒嗎? 那也會用不加硫的方式裝瓶。

你打算賣那兩桶?

如果品質令人滿意的話。

喂, 等我們把酒桶洗完, 就來品嘗侏羅省的方方. 加能瓦白酒。

他們的白酒是我喝過最棒的。

他們對待硫的方式也很有意思。

喝了酒我們馬上決定一定要去侏羅。

後來, 我在自家的廚房打開另一瓶理查的酒, 倒入醒酒瓶, 讓酒接觸空氣。直到十天後, 我這個門外漢的鼻子才聞到一絲變質的氣味。

第十三章

CHAPITRE TREIZE

桶子、桶子、桶子！

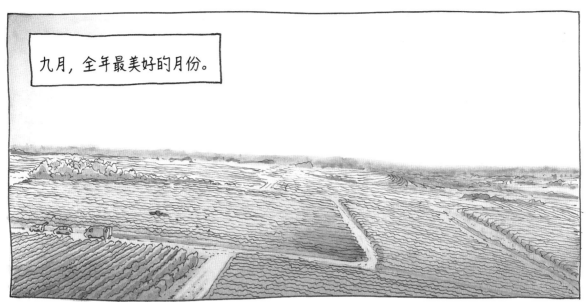

九月，全年最美好的月份。

桶子！

這麼快？

桶子！

還沒啦！

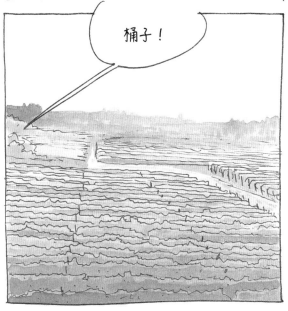

這天早上，我八點前就到了蒙貝諾，而理查已經到一段時間了。我們倆其中一個很焦慮。

但不是我。

在等待葡萄採收工的時候，老闆拿一株病懨懨的葡萄樹出氣。

你這個王八蛋，花了這麼多年把你拉拔大，現在卻要拋下我們！

正式採收葡萄前幾天情勢詭譎，大夥兒按兵不動。

只是在葡萄園走來走去，看葡萄成熟了沒。

老闆，你怎麼知道葡萄是不是成熟了？

成熟時間因葡萄園、葡萄農而異，風土條件、土壤耕耘和四季農活也都會影響。

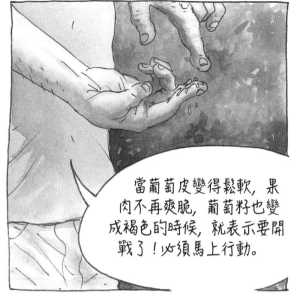

但我心中只有一種評判準則。

那就是試吃。

當葡萄皮變得鬆軟，果肉不再爽脆，葡萄籽也變成褐色的時候，就表示要開戰了！必須馬上行動。

明天就可以採收了。

現在呢？

你認為成熟了嗎？

開戰的時候到了。

也就是今天。

援軍來了。

哇！理查，有些葡萄感染貴腐黴菌了，乾脆釀成萊陽丘甜白酒吧！

那怎麼行！

大名鼎鼎的貴腐黴菌，就是能夠提高葡萄甜度的微型真菌，此地的甜白酒因為這種真菌而小有名氣。不過，理查釀的是干白酒，不需要貴腐黴菌。

你要和我們一起工作？還是畫我們？

都有。今天操刀，明天拿筆。

仔細挑，好嗎？

爛掉的一律剪掉！我一粒貴腐葡萄都不要。

終於開工了。

採收大隊有如投身汪洋，沒入樹叢中。

採收葡萄的音樂隱隱傳出。

桶子磨擦石頭的嘎吱聲。

剪刀發出清脆的叮噹聲。

在遠遠的地方，曳引機氣喘吁吁，像漁船一樣載沉載浮。

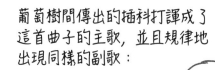

葡萄樹間傳出的插科打諢成了這首曲子的主歌，並且規律地出現同樣的副歌：

桶子！

演奏中要向樂團指揮尋求協助根本不可能。

他無處不在。

忙著監督、試吃、提供建議。

對樹上的葡萄來說，太陽是珍貴的盟友，下了樹卻成為恐怖的敵人。

隨著氣溫升高，大夥兒的倦意漸濃，聊天的興致漸漸低落。

休息是為了走更遠的路。

我說嘛，早上你衝太快，我們跟不上呀！

我不想自找麻煩，就沒仔細挑。

你說什麼？

哈哈！

這支由馬努什音樂家、短期季節工、臨時僱工和有空檔的朋友組成的小團隊，因為一個共同的長處而配合無間。

那就是每一位都很擅長採葡萄。

誰還要咖啡？

該回去幹活了！

每年秋天，理查會跟鄰近的兩個酒莊共同僱請一組工人。

這組工人依照葡萄的成熟度在葡萄園中移動。

再度上陣嘍。

是呀。

喂，理查！

幹麼？

沒有桶子了。

噢！可惡！我下山拿，誰跟我一起去？

來了！
快點！

你估計收成多少？

嗯…每公頃會有 2000 到 2500 公升。

如果考慮到這個冬天新種下還沒結果的葡萄樹，這數字還不錯，運氣好的話，會有3000 公升。

這樣算多嗎？

跟平均產量比起來，少得可憐。我有些朋友在別的省份栽種不同品種，產量能夠達到 7000 公升，而且品質又好。

為什麼這裡這麼少？

我覺得，好的酒農要能夠了解並且接受自己的風土條件。我的土壤堅硬，但這也是葡萄園的價值，或許我能提高產量，而且我也需要填飽肚子，不過釀好酒比什麼都還要重要。

你沒試過？那你永遠不會知道。為何不提高你葡萄園的產量？就試那麼一次？

我在 2009 年試過，我和兒子安東尼讓胡里耶的兩行葡萄樹結更多果實，而且等氣溫降到攝氏 12.5 度才採收，其他的則早在兩週前、氣溫攝氏 14 度時就採收。我們的確採到更多葡萄，不過很難熟成，最後只好分批壓榨。

結果呢？

還是不錯，不過沒那麼好。

所以還是不行。

喔！還真快。

我回到葡萄樹前。

？

REYNU SO KONOM
uun mju uun om um
um um yum...

不錯，真的很漂亮。

你在吹哪一首歌啊？

《我只能低聲下氣》。

在娃娃面前，我只能低聲下氣。

你們會唱《艾克多的老婆》嗎？

喔，這首不好唱唷。

不是貝納的老婆，不是貢唐的老婆，

這是副歌不是開頭啦！

誰都不能否認，這幾天歌手布哈森就在曼恩羅亞爾省，一直陪著我們這夥人採葡萄。

可惡，砸得我滿臉都是！

哈哈哈！

♪♫

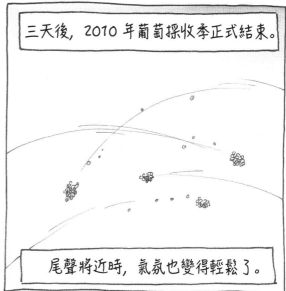

三天後，2010 年葡萄採收季正式結束。

尾聲將近時，氣氛也變得輕鬆了。

到了深夜，大部分工人離去了，我們開始把葡萄搬到壓榨機前，壓榨機大口吞下所有葡萄。

DIEMME

液體傾瀉而出。

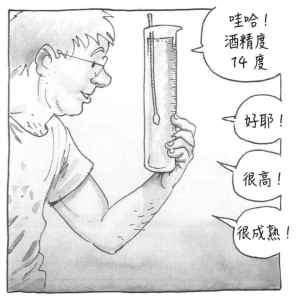

哇哈！
酒精度
14 度

好耶！

很高！

很成熟！

當然，這還不是酒，但卻是年輕而甜美的果汁，等我們一轉身離開，就會開始發酵。

如何？

很好喝、很新鮮。

沒錯。

現在呢？

讓酒液在槽裡放上十二個鐘頭，之後再濾出來，留下槽底的沉澱物。

移到橡木桶後，就輪到酵母和細菌上場了。

壓榨機一直運轉到深夜。每次榨完還得清掉葡萄梗（也就是每串葡萄連接果實的部位）。

胡里耶和蒙貝諾的葡萄園恢復寧靜。

沁涼的夜幕籠罩著廣袤的山丘。

採收雖然已經結束了，有些樹上仍然掛著葡萄，莫非採收人沒看到？

我忍不住在離去之前告訴理查。他拿起一串葡萄。

在我看來，這些葡萄呈金黃色，非常漂亮，但他指出了葡萄皮上幾個難以察覺的斑點。

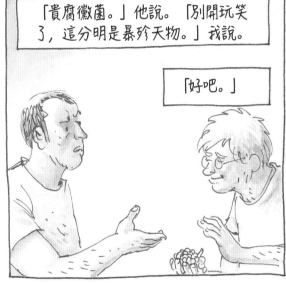

「貴腐黴菌。」他說。「別開玩笑了，這分明是暴殄天物。」我說。

「好吧。」

他說：「小鹿有口福了。」

第十四章

CHAPITRE QUATORZE

酒標品飲家

視覺的美感似乎能提升味蕾的享受。

我們花了好幾個鐘頭，拿著量尺和水平儀，將清空、晾乾的橡木桶全排好。接著，電動泵浦發出轟隆轟隆的聲音，一古腦把葡萄汁輸送到地窖。

好吧，空的橡木桶算不上真正的橡木桶。

十月，終於可以輕鬆一下。我們驅車前往布列塔尼亞。

前一年冬天，我和理查一起參觀了幾個酒展。

我們穿梭在羅亞爾酒展無止無境的走道間。酒展在一座大廳舉行，頗有巴黎書展的氣勢。

名不見經傳的酒莊攤位緊鄰著大型葡萄農合作社，設計風格十分…大膽。

瞧！假的石頭上面長著假的樹…

對，很好萊塢！

「復興」酒展在昂熱市區雅致的聖讓糧倉舉行，吸引了全國各地的自然動力酒農和羅亞爾河地區的有機農前來。

我的夥伴忙著跟進口商及酒商打交道，我則拿著酒杯做環法之旅。

展覽廳到處都有吐酒桶，我擔心哪一天會不會有某個仁兄突發奇想，把這些酒和唾液的混合物裝瓶銷售。

絕對不能錯過「昂熱酒」展覽，以羅亞爾河谷的「教皇」雷內·摩斯為首的萊陽丘酒農全聚集在那（我不知道摩斯會不會喜歡這個梵蒂岡味濃厚的封號）。

接下來，我也該帶著理查去參觀漫畫展了。

我怎麼這麼笨，竟然忘了帶泳褲。

你想得美，我們可不是來這裡度假的。

我很喜歡聖馬洛這座布列塔尼的小鎮，能夠再次造訪當然很開心。

這是我生平參加的第一個漫畫展，當時我還是學生，所以這展覽一直是我的最愛。

真是人山人海。

我的好兄弟，歡迎來到「畫泡碼頭」漫畫節，每年有3萬5千名觀眾以及4百位畫家共襄盛舉，是僅次於安古蘭漫畫節的全法第二大漫畫節。

我們從哪裡開始?

真是門外漢!最重要的事情就是到接待處,先去領取入場證。

有了入場證,我們才能夠隨時進出。

我拿到了。看到沒?我升級了。

喔,他們搞錯了…

或許是因為寫不下「漫畫家筆下人物」這麼多字。

作家

理查‧樂華

哇哈哈!我是「作家」,上面是這麼寫的,我應該和你共享這本書的版權。

還說哩!那今年釀的酒,我能抽幾成?

開玩笑,你知道你害我浪費了多少時間嗎?

彼此彼此。看展覽吧。

主題展區
海琴館
羅翰佐‧瑪托提館
中國漫畫館
彭農館
JD. 邦當克斯館
記得美好事物館
洛克出版館

動態區
咖啡店
簽書會
青少年館
兒童休息館
影片館

帶領不懂漫畫的人,

走進漫畫手稿的世界,

觀察他的反應。

他叫什麼名字?

尚丹尼.邦當克斯

他畫得好細膩…比你更細,對吧?

你有他的書嗎?能不能借我?

嗯, 可以這麼說。

馬修.彭農

你喜歡嗎?

喔,喜歡。很優雅。

瑪托提?好像聽過…

你讀過他的《火》和《烙印》。

對喔。

RUPPOTTI P KRANSY

DOCTEUR
JEKYLL
& MISTER
HYDE

我還記得我讀不下去，他的畫不太好消化。

瑪托提不止是漫畫家，更是偉大的插畫家。過來看。

小粉畫嗎？

粉蠟筆畫。

還不錯⋯

接著就讓圖像自己說話。

還要繼續逛嗎？

嗯嗯。

這條隊伍排得好長，這些人是在等什麼？

問一下。

是加蒂諾的簽名會，他是《黑色憂傷》的作者。這個系列非常有名！我們都希望拿到他的簽名。

Editions Dargaud

你打算排多久？

也許三小時，再說吧。

那麼，祝你好運！

沒問題，我習慣了。

那邊沒人，要不要去看看？

走吧。

GLENAT

我們都來自南法。我們自行印製書冊，只要銷售量能打平油資，就很棒了！我們是因為喜歡漫畫和這個漫畫節才參加的！

1 album acheté = 1 magazine offert

好，出去透透氣吧？

你想要簽名嗎？

不用。

其實，看到這些現場完成的漫畫後，就能了解讀者為什麼願意耐心等候。

這些漫畫表現出創作意圖，比單純的簽名有趣。

問題是，有時書本會淪為索取簽名的幌子，讀者不必花太多錢，就能得到一幅手稿。

其實葡萄酒界也有類似的現象，我就知道不少例子。

你到某些很懂酒的人家裡去作客，到了以後先參觀酒窖。喔！可壯觀了，各種世界頂級佳釀都在眼前！當然，這會讓你垂涎三尺。

不過，正式用餐時，你卻只能喝到…很普通的酒。

囤積在酒窖裡的，是一種投資，或是某種不知道怎麼稱呼的財產。噢！可惡，我不能接受，我叫這種人是「酒標品飲家」。

哈哈哈！

希望這些簽名收藏家會先
讀過書, 才把書收起來。

你心裡有
數, 還是照
簽不誤?

有人甚至在要到簽名的隔天
就把書放到網路上拍賣…

真是無奇
不有。

不過, 只要簽名維持原
貌, 能為讀者和作者的
相遇留下一點痕跡, 它
還是令人愉快的玩意。

餓了嗎?

哈哈! 該帶你去體驗「畫泡
碼頭」的傳奇好滋味了!

什麼東西?

巨無霸海鮮
拼盤。

先跟你說, 葡萄酒是由漫畫節的贊
助廠商提供的, 所以, 把你的批評
藏在心底。

哦, 需要的
話我也可以
說謊。

哇! 真不是
蓋的!

嗯？

這是啥玩意？

唉呀

閉…嘴…

噢，我乾脆吃生蠔配水好了…

啊！他在那裡！

哈哈！吉佰哈老兄！

大家好！

你喜歡這裡嗎？

你這位朋友顯然只看到漫畫圈好的一面。

當然，那還用說！

漫畫作家
尼科比

他大概以為我們都過著幸福美妙的生活。

你有告訴他，有些人等了好幾個月，還是沒有出版社的消息嗎？

你有告訴他，賣書營生有多麼不容易嗎？

你覺得呢？

第
十
五
章

CHAPITRE QUINZE

蒙貝諾－巴黎－喀布爾

十一月了。

夏季農忙、葡萄採收的高潮已過，樹葉變得通紅如火，然後紛紛凋零，葡萄園也回到冬天那種樸實、恬靜的景象。

那感覺很像派對狂歡後的恍惚。

我幹了一點農活，剪掉凋萎的枝葉。

也扒了幾下掃帚，掃掉彩紙屑。

一起去酒窖吧，現在那裡最熱鬧。

九月過後，「牠」在裡頭活躍著，冒泡、發酵、溢出。

每年此時，葡萄酒就變成野獸，精力旺盛、熱情奔放，整個地窖都感染牠的情緒。

這股活力似乎不受任何事物拘束，極為迷人。

然後呢？

我們聆聽、嗅聞、品嘗，僅止於此。

冬天閒閒沒事，我每週會過來品嘗兩次，春天則每晚都來。

你會干預發酵嗎？

不會。

所以，這批葡萄酒不需要你也能過冬。

你夠了沒？

少說廢話，多做正事。這桶酒來自蒙貝諾最下方的葡萄，是最後一批採收的。

你還記得吧？

嗯。

哎呀…哈哈！

氣體旺盛，糖分高，這個階段的酒不太好喝，但能猜出酒會朝哪個方向走。目前似乎筆直前進，正合我意。

不難想見，我們喝遍整個酒窖的葡萄酒。

我們探索每桶酒開始出現的差異。

嚴冬正式降臨。

酒窖在短短幾天內就變得十分寒冷，在這種低溫下，酵母逐漸沉睡。

直到春天才會甦醒。

這時也是探望酒農朋友的好時節。

找就來！

我們反覆品嘗，不斷比較果汁的狀況以及發酵的進展。

也是處理最後一批訂單的時候。

喲！一看就知道有人整夜沒睡。

還說咧，我整晚都在阿富汗度過。

我讀了《攝影師》，但我忘了作者是誰。

紀伯、勒非夫荷和勒梅西耶。

對，太精采了！當他以為自己會孤獨地凍死在山上時，我雖然躲在溫暖的被窩裡，卻也跟著冷得半死！

這是真人真事！讓這作品變得更加有力。

很好，你也讀《亞倫的戰爭》吧。

如何？

很好看！

他住得遠嗎？

我們用跑的！

但我包包裡有好幾瓶酒欸！

這地方不難找吧？

呃…

是因為他曾在日本長住嗎?

走進伊曼紐埃.紀伯家, 我們得脫鞋, 把鞋子留在門邊。

於是大家穿著襪子聊天。

《攝影師》這本書改變了我的人生。

當狄迪耶.勒非夫荷跟我聊起這椿阿富汗的人道救援任務, 給我看幾百張相片時, 故事就浮現在我面前。

不可思議! 我只需要畫出來就好了。

你們是怎麼認識的?

他是我的老朋友。

不過, 畫第一卷的時候, 我還沒見過其他人。但他們說:

「只要狄迪耶同意, 我們就同意。」

當時蘇阿戰爭早已經被遺忘了, 後來發生美國911事件, 這起戰事才重新引起注意。

那是一場幾乎沒有影像的戰爭。

狄迪耶的照片也因此更顯珍貴!

你的書令我深深著迷。

你有潛入別人內心的天賦, 用「我」代替他說話。

這很有趣, 因為…

…我們倆都喜歡挑戰一種難題：描述別人的人生，同時保有創作自由。

而且確信不會背叛他們。結果呢，你是你書中的敘事者，狄迪耶和亞倫是我故事裡的敘事者。

既自由又忠實，哈哈！

重要的是，我們希望書中描繪的人生能貼近讀者。

對！不過有趣的是，為了達到這個目標，我們採用的方法卻天差地別。

啊哈！的確是。

你是怎麼開始《亞倫的戰爭》這本書的？

其實很簡單。

1994 年我在雷島度假，我向一位老人問路，那個人就是亞倫。

我當時並不知道，不過…

…我們只當了五年的朋友。

亞倫在 1999 那年去世，我們有一段很深刻的情誼。

這個美國人年輕時參加過諾曼地登陸，後來走遍烽火連天的歐洲，卻從沒真正打過仗，最後在這裡終老，多麼奇妙的人生！多麼不凡的經歷啊！

我花十六年的時間畫故事的前三部。

看，這三個抽屜裝滿了筆記本和亞倫的錄音帶。

你打算花多少時間完成？

後來，畫完他的戰爭經歷後，我開始描繪他的童年。

不知道…十年？這不重要。喔，你該看一樣東西。

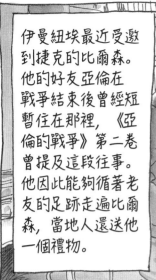

伊曼紐埃最近受邀到捷克的比爾森。他的好友亞倫在戰爭結束後曾經短暫住在那裡,《亞倫的戰爭》第二卷曾提及這段往事。他因此能夠循著老友的足跡走遍比爾森,當地人還送他一個禮物。

那是一本書, 可想而知, 是用捷克文寫成, 描述 1945 年比爾森被盟軍解放的歷史。這些都是亞倫部隊的照片。

這支部隊有五部「裝甲車」, 亞倫坐在砲塔上, 我們可以看到五個人分別坐在五部車子上。這些照片都太老舊、太小了…

…我不知花了多少時間看這些照片。亞倫一定是這五人中的一個, 很神奇, 不是嗎?

伊曼紐埃的畫室面向巴黎植物園, 對面曾經是自然科學家德奧多. 莫諾的辦公室。就像歌手蘇松唱的, 他「尋找寶藏、樹枝、黑暗中的一線光明、人類的愛和勇氣」。

紀伯很適合跟這樣的人為鄰。

我們光顧著說話, 你們想不想吃點東西?

好哇!

也是時候了。

樓下的啤酒屋不錯。

就是這間。

你怎麼進入這一行的?

我一直都想走這一行, 但幹了幾年雜活後, 才出版處女作《褐色》。那本書花了我七年的時間。後來我加入「畫室」, 跟其他漫畫家一起工作。

包括尤安. 史法、克里斯多夫. 布蘭、大衛. B, 和他們一起工作, 我獲益良多, 也感受到真正的自由!

各位先生好!

喝什麼呢?

我看看…

就水吧。

我們從阿富汗聊到二戰, 從伊曼紐埃那本和攝影師亞倫. 克勒合著、描寫羅姆人的新書, 聊到他在日本完成的插畫集。這張小餐桌, 不管有沒有酒, 都像世界那麼大。

現在正是創作紀實漫畫的好時機。

這些出版前後都讓作者傷透腦筋的書。

那些讓我們不同於以往的書。

有時候,我們完成的書看起來實在糟糕透頂。

有時卻不。

還有讓我們聊得顧不上吃飯的書。

你知道嗎?《攝影師》中的兩位醫生何吉和赫伯回到法國後,在貝傑哈克區種葡萄。

我知道這事。

聽你聊你的葡萄園,我覺得你跟他們有不少共通點。

為了這本書,你們一定要去找他們!

我回去繼續工作,謝謝你的葡萄酒。

再見!

第
十
六
章

CHAPITRE SEIZE

墨必斯動搖的地位

葡萄園儘管如法式庭園般井然有序，入夏之美卻來自葡萄的桀驁不馴，這時葡萄樹的枝枒完全擺脫酒農的控制。

葡萄樹就有如優雅的少婦，洋溢著陽光般的魅力。

入冬後卻展現另一種面貌，像個膽怯、陰鬱的老人，多結節的樹根緊緊抓著礫石地。

兩種姿態，各有風情。

標籤、瓶塞、紙箱。酒窖裡，理查忙著包裝送出最後一批葡萄酒。

進行得還順利嗎？

還可以。

這些酒要寄到哪兒？

我看看…
丹麥。

柏林。

右邊的則是要寄到巴西、美國。

這些要到魁北克、英國、瑞士。

這些是蒙佩里耶。

這些是卡爾瓦多斯。

噢,卡車怎麼還沒來?

路上既沒有酒窖的指示路標,酒窖也從沒開放參觀過…

是沒有。我不是做生意的料。

要做的話,我得跑來跑去,花很多工夫,不過,我只喜歡待在葡萄園裡。

幸好我有一些長期合作的進口商、葡萄酒吧和餐廳。

再說,我也沒有很多酒要賣。

喂?我打電話來,是因為你們訂了八十瓶酒,呢…能不能改成六十瓶?

哈哈!你真會做生意!

我每次都搞錯數量。採收前一律來者不拒,卻在一個月後發現沒有酒可以賣了。

我們這行有個神奇咒語可以應付這種情況。

什麼?

那就是「再版」。

是，不難想見。

當葡萄酒在我們美麗的國土和世界各地旅行的時候，不可能不遭遇可怕的敵手。

什麼？

看著酒農被行政程序搞得吹鬍子瞪眼睛，你能夠學到很多事情，尤其是他報海關的時候。

噢，什麼是「新表格」？

我該列出什麼？

真傷腦筋。或許在葡萄田挖野藤就是為了把這時累積的壓力發洩出來。

看不懂…

可惡，我寫過兩次啊！

冷靜下來，這太荒謬了，我好像到了外星球。

在這個時候，出門去透透氣，也是不錯的選擇。

巴黎
卡地亞當代藝術
基金會
2010-2011冬季
墨必斯展

喔⋯

墨必斯是法國當代最偉大的漫畫家。我覺得你應該來看看。

好點子。

他用本名尚．紀侯出過西部牛仔系列，畫風非常精緻，也很受歡迎。你聽過《藍莓系列》嗎？

嗯嗯⋯

另外，他也用筆名墨必斯創作充滿詩意的作品，融合夢境跟科幻，虛無縹渺⋯

你覺得如何？

他有抽大麻嗎？

你說對了。他年輕時曾經用精神藥物刺激自己做些實驗性的圖文創作。

他試過白梢楠嗎？

你的東西跟他很不一樣。

的確。不過我十五歲初次接觸他的作品時，像是被打了一記耳光。

他不止是才華洋溢的漫畫家，更是不可思議的宇宙創造者，他的每本書都自成一個世界。

我們去看3D電影好嗎？

想想看？一位享譽全球的藝術家，作品充滿原創性和新意，影響了許多漫畫家和電影導演。

忽然間，沒有任何預兆…

…有個酒農說他「不好」，他就什麼都不是了，這讓人很難忍受，是吧？

是啊。

但世事就是如此。

抱歉，墨必斯。

不過，如果你想要透透氣，也沒問題，我們就要開始剪枝了。

哈哈！開工了！田裡會結霜！但能清一清你的支氣管！

來！剪枝吧！

你知道嗎？我跟尚方斯瓦．加能瓦通過電話，我們終於敲定日期，等剪完枝就去拜訪！

第
十
七
章

CHAPITRE DIX-SEPT

沙瓦涅、普沙及其他

2011年
三月
清晨
三點三十分

侏羅省
羅塔利耶
車程
七百公里

到了。

希望他在。

方方？

我的天哪，是理查・樂華！

正是！

是羅亞爾河的酒農理查・樂華嗎？

幸會！

聽著，小朋友，我沒有要趕人的意思，不過也有一點啦！

兩位來自德國的餐飲業者，本來想要待久一點，結果不行。

去看看葡萄園吧？走，上車！

尚方斯華・加能瓦是超級開心果。

看完後我們再到酒窖去喝酒。

太好啦！

他的葡萄園分布在侏羅省的山腳下，占地有八公頃。

最晚從 1650 年起, 我們家就在這裡種葡萄。我是第十四代了。

我父親自己釀酒, 也把葡萄賣給合作社。而我, 我在勃根地學釀酒。

1998年我接下家族事業。好幾百年來, 只有他採用化學農法。我堅決要回到有機農法, 但他不諒解, 我們經常為了這件事吵架。

2004年, 我開始施行自然動力農法。

一開始, 我也不信這套陰曆什麼的, 但時間一久, 你不得不承認, 這些的確是非常重要。

我也是這樣跟那個鐵齒的傢伙講⋯你這裡的土壤是什麼樣的?

片岩和黏土, 再往下就都是石頭了!

說真的, 葡萄酒真正的差異其實取決於土壤的品質。你有走一走嗎?

什麼意思?

走路啊!

有感覺嗎?

什麼感覺?

土壤很柔軟!像沙子一樣軟!

這就表示土壤是活的!現在去隔壁走走看。

感覺到差別嗎？

有，好像水泥地。

那就對啦！要有活的葡萄酒，先要有活的土壤。

所以你得取捨。你說你很敬重土地，卻把十公噸重的曳引機開到上面，這不是很矛盾嗎？

所以我們使用小型履帶式曳引機，當然了，完全手工操作。

你生活在風景絕美的地方呀！

真的！

山明水秀啊！

我們一邊穿過阡陌縱橫的鄉間小路，一邊探索方方的葡萄園。

途中我們避近了以下人物：

一對勇敢的年輕日本夫婦，兩人愛上這裡美好的風土，於是來到這裡展開一場葡萄酒的探險之旅。

老當益壯的八十歲老翁，站在陡坡上修剪葡萄藤，他堅持要讓我們看他剛剛裝在胸腔的「體內去顫器」。

（其實他的用詞更加生猛有力。）

他說他也重拾了驚天動地的性能力。

一對兄弟檔，兩人一起耕耘數十畝的夏多內葡萄園，已有五十年。

尚方斯華問，以他們的年紀，為什麼不用化學藥劑？

兩人聳聳肩。

「我們不信那種東西。」其中一人說。

「那就像日本飄過來的臭東西。」（福島核災數天前爆發）另一人說。

「反正都討人厭。」

陽光普照。

不管是在這裡，還是蒙貝諾，我們都體認到一件明顯的事實。

遠在太陽能板發明之前，人類就種起了葡萄園。

沒錯，我不用硫磺釀酒，我對這個話題很有興趣。

這也算是一種進步吧…

十年前的我，未必會喜歡現在的我釀的酒。

不少人說我 2004 年份的酒是頂級名釀，隨他們說。不過，我對那些酒不再感興趣了。

其實沒有固定配方。

只是要關心。

要注意一些最基本的東西。

理想的條件是：

採收的葡萄和釀酒的葡萄都要成熟。

當然了，說比做還容易。

對，理查和你有個共通點，你們任由酒自行發酵，盡量不去干預。

是！我們認為，99%的因素來自葡萄園。

我們的首要目標是酒要好。

來吧，我們繼續！

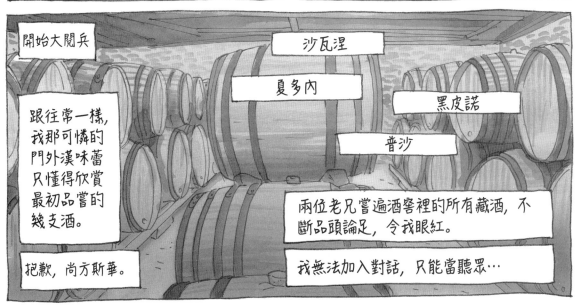

開始大閱兵

沙瓦涅

夏多內

黑皮諾

普沙

跟往常一樣，我那可憐的門外漢味蕾只懂得欣賞最初品嘗的幾支酒。

兩位老兄嘗遍酒窖裡的所有藏酒，不斷品頭論足，令我眼紅。

把歉，尚方斯華。

我無法加入對話，只能當聽眾…

…沉醉在兩個釀酒師之間美麗又神祕的語言裡。

品味一本書恐怕比品酒更孤獨。不過，書和酒有個共通點：透過討論與分享，味道會變得更清晰、更細膩。

晚上不趕著回去吧？

我們打算在附近找旅館住。

你知道哪裡有？

你開玩笑！我家很大，你們就睡在這裡。晚上，我們到一位開葡萄酒吧的朋友家吃飯，你們等著看，他收藏了不少好酒。

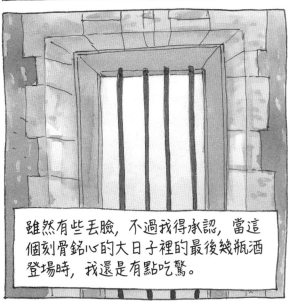

雖然有些丟臉，不過我得承認，當這個刻骨銘心的大日子裡的最後幾瓶酒登場時，我還是有點吃驚。

方方的早餐桌上擺滿美妙的莫爾比耶乳酪，完美體現了「殷勤好客」這句話。

今天，他的酒銷售到二十二個國家，並廣受好評。

這傢伙是閃亮的明星？

他一笑置之。「去年我去了倫敦，那是我頭一次出國，我住在葡萄園裡，我不用上網收發信，我在這裡很快樂。」

他還說「我喜歡在六個月內都好喝的酒，勝過別人告訴我要數年後才好喝的酒」。

我很欣賞這種看法。

回家途中，我們聊到前一晚的品酒大會。理查承認喝了四十多種酒後，他品酒的能力也開始走下坡了。

業餘酒農！

第十八章

CHAPITRE DIX-HUIT

尼路奇歐、維門替諾、
白珍提及「漫畫潛能工坊」

你在畫什麼？

巴斯提亞漫畫節邀我參加，同時希望我幫他們設計海報。

這漫畫節每年三月底至四月初舉行。我希望你能一起去，你會發現它很有趣，跟聖馬洛漫畫節很不一樣。

嘿，春天我的葡萄園裡有很多事要忙哪。

既然你提議巴斯提亞，我給你的回答是巴提莫尼歐。

喔？

都到科西嘉去了，就不能不嘗一嘗阿賀納酒莊的酒。

我的工作通常不允許我四處走。

我的也是。

安東尼馬利．阿賀納, 27歲,
他為了接我們特地下山。

接著再帶我們上山。

巴提莫尼歐在科西嘉島岬
角底, 位於一座巨大冰斗
的邊坡上, 從岩石山峰之
間隱約可以看到大海。

這個地方風和日麗。

白色的石頭上長著
矮樹叢和葡萄樹。

我們從1600
年起就在這裡
牧羊, 後來也
種葡萄釀酒。

我 14 歲開始喝酒, 不過
我一直就愛往這裡跑。

看得出來,
這裡是很棒的
遊樂場。

通過高中會考後, 我
和哥哥到尼斯求學。

法律、經濟、歷史, 這些課程都很有
趣, 不過, 我們雖然不願意明說,
但也都知道自己遲早會回來。

祖父從父親
口中知道這件
事, 氣炸了!
他對我們大概
有別的期待。
他種葡萄不用
化學藥劑, 也
不用曳引機,
只用一頭牛。

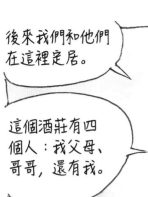

後來我們和他們在這裡定居。

這個酒莊有四個人：我父母、哥哥，還有我。

我們過得很快樂，能跟家人一起工作是很有幸福的事，我們都很清楚。

你們種的是什麼品種？

蜜思卡、涅露秋、維蒙蒂諾和白珍提，白珍提是科西嘉特有的品種。

巴提莫尼歐的葡萄園從二十萬公頃遞減為一百公頃，有一天可能會消失不見…

在這裡工作其實有助於復興葡萄園。今天葡萄園的面積有五百公頃，許多年輕人到這裡定居，情況改善了一些。

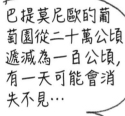

看看那邊，葡萄園占據的地盤比矮樹叢還廣，那全靠一個年輕人的努力，他不只有勇氣，也懂得用比較聰明的耕法。

是啊，開墾這片土地確實需要很多勇氣。這裡是什麼土壤？

石灰岩和片岩。

哇，真漂亮！

我們來到這裡以後，便不斷聽見樹叢後面傳來機器聲。

原來是哥哥, 他正忙著種葡萄樹。他挖了許多洞, 把死去的葡萄樹補回來。

尚巴蒂斯特. 阿賀納, 31 歲。

我們今年忙得不可開交。

是因為死了很多葡萄樹嗎?

不, 不是因為這個。

我在今年春天投入地方選舉, 這對我來說是全新的嘗試。雖然前後花了不少時間, 不過很有趣。

他差點就當選了!

地方選舉的經驗和我們平常的酒農工作, 其實是相互呼應的。

在這裡工作，融入當地，兩件事相輔相成。在這裡釀酒，就是在訴說這裡的故事！

我們認為這點很重要。在這裡，為人釀酒是天經地義的事，你了解我的意思嗎？

我不只了解，我在寫書時也有一樣的想法。

你們的枝枒剪得好短！

這裡的葡萄樹長得很快，要控制植株大小就得修得很短！

在這種滾燙的礫石地還是照長不誤？

嘿！這些可都是科西嘉原生種！我們喝酒吧？

這塊土地有如島嶼中的島嶼。

我真想踩在這片滾燙的礫石地，走上好幾個鐘頭。

阿賀納的酒窖擺滿各式器材以及酒槽，酒槽裡裝著發酵中的酒。

我們在酒杯裡找到這地方令人為之一振的美。

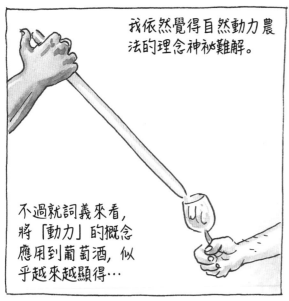

我依然覺得自然動力農法的理念神祕難解。

不過就詞義來看，將「動力」的概念應用到葡萄酒，似乎越來越顯得…

…迷人。

我們從橡木桶喝到大酒槽，從白酒喝到紅酒，也聊到兩排緊鄰的葡萄樹卻能產生奇妙的差異。

「上卡科」既清新又辛辣的爽直令人驚豔。

我們也聊到加不加硫磺的問題。從阿賀納兄弟身上，我也看到了在樂華、加能瓦及新一代酒農身上所看到的謹慎與堅決。

當然，我們也很感興趣，我們每年會生產一批不加硫磺的酒，特別取名為「零度」，也就是說，每年生產的五萬瓶中會有三千瓶不加硫磺。

我們得告辭了，多謝款待。

下次來本島時，別忘了帶幾箱酒給我們啊！

我們一定會再訪巴提莫尼歐。

回到巴斯提亞。

回到漫畫的世界。

理查首度接觸到艾堤安．雷寇亞的作品，他是 Oubapo 最厲害的成員。

你說什麼？

Oubapo 是「漫畫潛能工坊」的簡稱，就像文學界有 Oulipo，也就是文學潛能工坊。

呃⋯這是要做什麼？

他們的理念，是在自己的語言形式上加上限制，讓語言帶著自己前往平常不會去的地方。文學上最著名的例子是喬治‧裴瑞克的小說《消逝》，這本書完全沒用到字母「e」。

雷寇亞在這件作品裡大玩漫畫的敘事方式。

當你轉動這些小方塊，身為讀者的你開始改變故事的行進，很棒的點子，不是嗎？

所以漫畫不一定要是書嘍？

不一定。不過，我比較喜歡以書的形式呈現漫畫。

對吧…

漫畫節的圖書區。

喏，送你。

雷寇亞的《貝凡詩與維克多》。

這本書有一種魔力。你一開始看到的，是一對夫婦有點可笑地打情罵俏。

現在，每兩頁就縱向對摺一頁，來，摺吧！

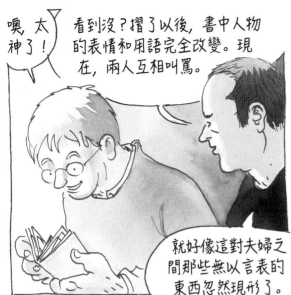

噢, 太
神了!

看到沒?摺了以後, 書中人物的表情和用語完全改變。現在, 兩人互相叫罵。

就好像這對夫婦之間那些無以言表的東西忽然現形了。

真的吔, 好酷。不過你的「Ouba-po」, 是不是有點知識分子的玩意?大概引不起大眾的興趣吧?

還是沒說服他。

在巴斯提亞漫畫節, 很容易遇見畫圖的人、讀書的人和愛書的人。

在城堡區, 我看到酒農在多明妮克.高伯萊美麗的作品前駐足。

你喜歡嗎?

喜歡⋯我剛剛聽過她的演講, 很喜歡她說故事的方式, 很細膩。

你們是漫畫家嗎?

是, 為何這麼問?

可以請教兩位一個問題嗎?

你們覺得墨必斯是很重要的漫畫家嗎？

噢，很重要。

不管喜不喜歡，我想沒人會給你否定的答案。

是喔。

怎麼多了一袋?
你買書啦?

噢, 我買了
多明妮克. 高
伯菻的《假裝
就是撒謊》。

很棒的選擇。

你覺得這書對多數人來
說, 是「有點知識分子」
的玩意, 你之前說的。

那是他們
不懂啦。

就是群門外
漢, 是嗎?

沒錯。

第十九章

CHAPITRE DIX-NEUF

櫻 桃 樹 下 的 終 極 領 悟

還記得紀伯在巴黎提過的主意嗎?

那一天恰巧是多爾多涅省貝傑哈克的市集日,我們約好在那裡碰頭。

喂!酒農兄弟,要帶些酒回去嗎?

當然了。

請慢慢轉身。我大概找到不必花太多錢就能裝滿後車廂的方法。

噢?

啊,太好了。

自產自銷
日常餐酒
2010 紅酒
11.5°
每公升一歐元

請問是艾提安和理查嗎?

我是何吉。

你好。

赫伯在餐廳等我們。我們走吧?

可惡,沒時間採購了。

紀伯的《攝影師》帶我們發現一部「無國界醫師」的磅礴史詩,如幻似真。故事發生在1986年戰火下的阿富汗。

你們為什麼會到這裡落腳?

說來話長…

2011年4月,那支英勇團隊中的成員赫伯.薩雷翁泰哈斯和何吉.蘭薩德就坐在我們面前。餐廳女侍為我們斟了酒。

我呢,葡萄園其實是我童年的回憶。我的祖父有座葡萄園,我一直很喜歡。

1970年代我還在醫學院求學的時候,就在勃根地馮內侯瑪內村的葡萄園打工。

離開阿富汗後,1990年,我在阿爾代什定居執業。

我們兩人在同時期回到法國。我回學校讀葡萄酒釀酒學,後來在貝傑哈克當葡萄酒釀酒顧問。

家父是釀酒師,他在1960年代剷平了他的葡萄園。而我在十七歲擁有了一座酒窖!

我在2000年買下第一座葡萄園。無國界醫師的朋友、我的妻子，還有蒙貝利亞爾的好友都給了我幫助。

當時，我也想回到葡萄酒釀酒業，我在住家附近尋找葡萄園，同時拿到葡萄種植的專業證書。

我立刻就買下，在這裡住了下來。

2003年，鄰居說有兩公頃半的葡萄園要賣，但我沒錢，就把這消息告訴赫伯。

我們也在2003年同年蓋了釀酒酒窖。

沒錯。從此以後，我們的四公頃葡萄園每年能生產一萬兩千瓶至一萬五千瓶的貝夏蒙。

何吉和赫伯向我們解釋貝夏蒙有多珍貴。貝夏蒙的名聲雖然不如鄰居波爾多響亮，卻能造就相當美味的佳釀。

我們談論酒與漫畫的世界，他們是在《攝影師》出版時才發現後者。餐後咖啡端上時⋯

我們彷彿已認識彼此許久。

走吧？

歡迎來到東方小徑酒莊。

何吉和赫佰的幽靜葡萄園隱身在樹林中。

植物世界的水平群體（葡萄園）與垂直群體（樹林）彷彿達成了明智的協定。

這座葡萄園襯托景致與空間的能力在每個角落彰顯，深得漫畫家的心。

如果你希望你的土壤有生命力，緊鄰一片樹林是很不錯的。

偉大的酒莊沒有一座是不美的。

我真的是這樣相信。

完全同意！你們有哪些葡萄？

梅洛、卡本內蘇維翁、卡本內弗朗，貝夏蒙，由這三種葡萄混釀，每個品種最多不超過六成，最少不低於5%。

是嗎？這些數字是怎麼來的？

法定產區這麼規定的。

我是法定產區規則的支持者。

我也是，所以我離開了。

什麼？

我把自己的酒降級為VDF葡萄酒，卻因此得到真正的自由。我照自己的意思照顧葡萄園和釀酒，走出自己的路。

就這樣。

我，我比較喜歡照著法定產區的規定辦事。你的態度是不是自私了點？

或許吧。我承認我的酒必須先能過我這關。

255

我們喝點酒吧？

我們能…

我認得這張照片。

是你們的朋友狄迪耶．勒非夫荷的照片？這張照片出現在《攝影師》裡。

我們 2007 年份的酒就用他的名字命名。

狄迪耶 2007 年去世，那年他50 歲，就在安古蘭漫畫節獲獎三天後。

你好，狄迪耶．勒非夫荷。

我們為了寫作這本書而拜訪的酒農,理查通常都很熟悉他們的酒。

這次卻不然。

哇!很圓潤、很濃、很飽滿,充分表現出你們照顧葡萄園的方式。

我非常喜歡!

你呢,你覺得呢?

嗯…這幾個月我們大多喝白酒,現在回到紅酒,而且喝到這樣子的,我很喜歡…

這酒很強勁哪?

你們用硫嗎?

我不認為釀酒可以不用硫。

什麼?

也許可以…

可以嘗試一下！

不過為了避免氧化，我認為…

先生，你們應該來一趟安茹，我可以開兩三瓶無硫的好酒招待你們。

求之不得！

當然，硫可以盡量少放，不過完全不加，那可是天方夜譚！

你釀無硫酒嗎？

噢，我很羨慕！

你的酒不可能沒有揮發酸！

我等著看！

哈哈！

是喔，我們約定十年後來喝這些酒，到時候再說。

0.6 克，我聞得出來。

1.5 克就變成醋了。

你在說笑？

我喝過 1934 年份的格拉夫上布里昂，沒有揮發性酸。

才怪。

0.9 克就不能上市。

就算有，揮發性酸能讓酒的風味更豐富。

抬完槓，我們採了一些將要成熟的櫻桃吃，但椋鳥以主人自居，凶巴巴地瞪著我們。

有機也是，雖然我們使用的化學藥劑不比有機農多，但我們不想貼上有機的標籤。我們這樣做，是因為我們想這樣做。標籤只是枷鎖，我們拒絕被侷限。

我也不貼標籤，不過我不同意你，有標籤好歹往前跨了一步。

後來他們為自己喝過的頂級名酒鬥起嘴來。而我，我一邊品嘗貝夏蒙，一邊咀嚼兩位酒農的專業術語。

我聽見「馬革的美妙香氣」，還有「溫熱的野兔腹部所散發的香氣」，我得抓隻野兔來求證。

我們也談到書。

《攝影師》對我們非常重要。

不難想見。

我正好有個問題要問你們。

呃，看到自己連名帶姓地登上漫畫書，你們有什麼感覺？

哈哈！你為什麼會這麼問？

聽著，我擔任無國界醫師是 1986 年的事，漫畫書出版於 2003 年，現在則是 2011 年，我從沒把自己…

怎麼說呢？有很長一段時間，我的家人一直不明白我跑去阿富汗幹麼。我告訴他們，我在一個戰亂國家為病人看病。這對他們來說還是很抽象。

但他們讀過書就明白了。

對我們和其他無國界醫師來說，這是很棒的禮物。

書籍出版時，我們發現漫畫的豐富性，還受邀到安古蘭、巴斯提亞…

嘿，我們才剛追隨過你們的腳步，我們剛從巴斯提亞回來。

你們也不懂漫畫？

不懂。

有天我們的朋友狄迪耶說，有個漫畫家想描寫我們的任務…只要狄迪耶同意，我們就同意！第一部出版後，我們才見到伊曼紐埃。

而且，這本書很受歡迎。

我們常應邀到高中校園談我們在阿富汗的經歷。

沒錯，他跟我們說過！

有天早上，有個人跑到這裡要簽名。他特地從香貝里開車過來。哈哈，不可思議吧？

這本書也讓我們知道一些事情。在第三章，狄迪耶描述他獨自從阿富汗回到巴基斯坦。他以前只說他遇到一些麻煩。

但讀到這裡，我們才知道，原來他差點就沒命了。

總之，我們在投入葡萄酒產業很久以前的人生，都因為這本書留下美麗的痕跡。你呢，你一直都是酒農嗎？

不是。

真的嗎？

我在沃日出生，生活跟酒離得可遠了。我踢足球、學經濟，所以你知道的…

要不是內人蘇菲，我不會發現酒的世界。她學的是葡萄酒行銷推廣，有一天我陪她去勃根地，在那裡遇見許多酒農，那時立刻就覺得，這些人確實做了一些事！

蘇菲在德國開了葡萄酒吧，我則在巴黎的銀行上班。後來她來巴黎和我一起生活，我加入了一家品酒俱樂部，成為會員。

我開始品嘗各種頂級名酒，噢，應該說是最昂貴的酒。後來我加入另外一個俱樂部，喝掉大部分的薪水。

1991年，我跟全巴黎的好爸爸一樣，帶著兒子去農業展看小豬。

要離開時，來自羅亞爾河的酒農尚路易.侯賓請我品嘗他的萊陽丘白酒。

當時，這種酒的評價並不高，我回絕了。

但他堅持。

我只好喝了。

哎呀…

哇，簡直是無法置信！

是我有生喝過最棒的甜白酒！

比我喝過的任何頂級名酒都好喝！

那是哈布雷的裔埃爾.梅納釀的。我跑去拜訪他。

我馬上向他買了三打。

隔年春天，我南下安茹。我遇見一個面臨經濟危機的省份，

也發現當地出奇美妙的風土。後來，我發現當地的另一種酒也很美味，來自「細沙酒莊」，

我跟他買酒，我們成為好朋友，我常回去找他。

1993年，他邀我們去他的葡萄園採葡萄，我因此認識了很多風趣的人。

他看出我深受吸引，就說：「在這裡買塊葡萄園吧！」

哎…我們在銀行上班，其實日子過得很舒服。

但不知為何，我竟回他，如果你能找到風土絕佳的葡萄園，我就來。

他開始四處獵園。

1996年，他說：「我想我找到了。」我差點從椅子上跌下來。

那塊地就是蒙貝諾。

價格很便宜，我馬上就買下來了。之後的一年半，我每週五天在銀行工作，一到週五晚上就開車南下種葡萄。

裔埃爾一點也不藏私，還借給我農具。他告訴我：「頭三年我幫你，但三年以後，你就得靠自己了。」

我說：「好。」

我孤注一擲。

賣掉巴黎的房子，錢夠我買一部老曳引機、一張犁、幾個橡木桶這些最基本的東西。我們一家五口都搬到安茹。剛開始，我們只能把釀酒酒窖裝設在新居的車庫裡。

還有，你們知道嗎？

我從此就沒再打過領帶了。

現在來嘗你帶來的蒙貝諾，如何？

好呀！

是時候了。

在這座瓦頂的小涼亭，我們體認到，釀酒及寫書都是為了一場邂逅。

白梢楠和麗絲玲都屬於岩石酒，是世上最偉大的葡萄品種！

可不是嗎！

263

你不釀甜白酒了？

常有人這樣問我。2000年我開始釀干白酒時，不太確信自己能釀出好酒，結果馬上就大受歡迎。

既然釀造干白酒讓我得到無窮樂趣，我就只釀這種酒。

哎呀，真不錯。

還是微微喝得出揮發酸唷？

嘿嘿！

當我們離開東方小徑時，天色已經變黑。

由於路面顛簸，貝夏蒙在後車廂不斷相互碰撞，發出叮噹聲。

這三個大男生都老大不小才開始釀酒。

他們選擇改變人生。

並看著自己的某一段人生被別人畫成漫畫。

因此他們必須認識彼此，也因此，本書得以在此畫下句點。

B 喝過的酒 U | L 讀過的書 U

Cuvée Marguerite 2008, côtes-du-jura, Jean-François Ganevat

Grotte Di Sole 2008, patrimonio, Demaine Arena

Cuvée Noshak 2008, Pécharmant, Les Chemins d'Orient

Le Volagré 2005, montlouis-sur-loire, Stéphane Cossais

Meursault-Genevrières 1989, Domaine des Comtes Lafon,

Côte-Rôtie LA Mouline 1991, Guigal

Marienburg Raffes Mosel 2008, Riesling, Clemens Busch

Vin de France 2008 《sans soufre ajouté》, demain Henri Milan

Château Beauséjour Bécot, saint-émilion grand cru 1990

Barbaresco Pajé 2004, Luca Roagna

Clef de Sol 2009, touraine-amboise, Domaine de la Grange Tiphaine

Châteaubeuf-du-Pape 2004, Laurent Charvin

La Chapelle Hermitage 1990, Paul Jaboulet Aîné

Clos Rougeard Les Poyeux 2005, saumur-champigny, G.A.E.C. Foucault

Initial B.B.2008, anjou, Agnès & René Mosse

Pouilly-vinzelles Vieilles Vignes 2007, Domaine Valette

Les Pierres Noires 2009, Domaine de l'Anglore

Les Coteaux Kanté 2009, grolleau, Bruno Rochard

Bourgueil 1971, Domaine de la Lande

Château Margaux 1982

Le Vilain Canard 2005, coteaux-du-layon, domaines des sablonnettes

Réserve du Pigeonnier 2005, saumur, Château de Fosse-Sèche

Les Pucelles 2002, puligny-montrachet, Domaine Leflaive

Vin de France Chenin 2007, Les vignes Herbel

Graviers 2006, sainMt-nicolas-de-bourgueil, Domain du Mortier

Cuvée Haitza 2007, irouléguy, Domaine Arretxea

Nuit d'Ivresse 2008, bouvreuil, Domaine Pierre Breton

Château Sociando-Malet, haut-médoc 1996

Meursault-Perrières 1994, Jean-François Coche-Dury

Billes de Roche 2008, saumur, Melaric

Mazis-Chambertin 1993, Dom. Laurent

Châteauneuf-du-Pape 2004, Domaine Pierre André, Fonterenza 2006,

Brunelo Di Montalcino, Francesca et Margherita Padovani

Pommard Clos de Epeneaux 1989, Comte Armand

La Mémé 2008, côte-du-rhônen domaine Gramenon

Charmes-Chambertin 1998, Domaine Dugat-Py

Château Bel Air-Marquis D'Aligre Margaux 1970

Bézigon 2006, anjou, Jean-Christophe Garnier

Morgon Côte du Py 2008, Domaine Jean Foillard

Grand vin de l'Altenberg 2004, Domaine Marcel Deiss

Jadis 2004, faugères, Domaine Léon Barral

Chinon Vielles Vignes 2004, Philippe Alliet

Mattéo, Jean-Pierre Gibrat (Futuropolis)

L'Origine, Marc-Antoine Mathieu (Delcourt)

Le Photographe, Emmanuel Guibert,

Didier Lefèvre 及 Frédéric Remercier (Dupuis)

Approximativement, Lewis Trondheim (Cornélius)

L'Enragé, Baru (Dupuis)

Le Filet de Saint-Pierre, Jean-Pierre Autheman (Glénat)

À la recherche de Peter Pan, Cosey (Le Lombard)

La Bouille, Troub 's (Packham)

Fraise et Chocolat, Aurélia Aurita (Les impressions Nouvelles)

Rébétiko, David Prudhomme (Futuropolis)

Léon la Came, Nicolas de Crécy et Sylvain Chomet (Casterman)

Exit Wounds, Rutu Modan (Actes Sud)

Maus, Art Spiegelman (Flammarion)

Lapus, Frederik Peeters (Atrabile)

C'était la guerre des tranchées, Jacques Tardi (Casterman)

Le Baron noir, Yves Got et René Pétrillon (Drugstore)

Le Réducteur de Vitesse, Christophe Blain (Dupuis)

Journal, Fabrice Neaud (Ego comme X)

L'ombre aux tableaux et autres histoires, Jean-C, Denis (Drugstore)

Le Val des ânes, Matthieu Blanchin (Ego comme X)

Stigmates, Lorenzo Mattotti et Claudio Persanti (Casterman)

Le temps des bombes, Emmanuel Moynot (Delcourt)

Faire semblant, c'est mentir, Dominique Goblet (L'Association)

Calvin et Hobbes, Bill Watterson (Hors Collection)

Corps à corps, Grégory Mardon (Dupuis)

Le Cahier bleu, André Juillard (Casterman)

L'Épinard de Yukiko, Frédéric Boilet (Ego comme X)

Livret de Phamille, Jean-Christophe Menu (L'Association)

Agrippine, Claire Bretécher (Dargaud)

Boucherie charcuterie même combat, Bruno Heitz (Le Seuil)

Rides, Paco Roca (Delcourt)

Ibicus, Pascal Rabaté (Vents d'Ouest)

Paslestine, Joe Sacco (Rackham)

Deux Tueurs, Mezzo et Pirus (Delcourt)

Dômu, Rêves d'enfantn Katsuhiro Otomo (Les Humanoïdes Associés)

Cinq milles kilomètres par seconde, Manuele Fior (Atrabile)

Les Aveugles, F'Murrr (Casterman)

Quartier lointain, Jiro Taniguchi (Casterman)

Jolies Ténèbres, Kerascoët et Fabien Vehlmann (Depuis)

Shenzhen, Guy Delisle (L'Association)

Muchacho, Emmanuel Lepage (Dupuis)

感謝他們同意在此書現身：
尚皮耶‧吉伯哈、布魯諾‧侯沙、大衛‧希爾納西特、馬克安端‧馬修、尼科比、伊曼紐埃‧紀伯、尚法蘭梭瓦‧加能瓦、安東尼瑪麗‧阿賀納、尚巴蒂斯特‧阿賀納、赫伯‧薩雷翁太哈斯、何吉‧蘭薩德。

感謝路易斯‧通代以及他的鳥嘴理論。

感謝 Angélique Duveiller 和 Lesaffre 印刷廠（位於圖爾奈），也要感謝 Philippe Fitan 和 L'Atour 酒桶製造廠，以及他們的招待。

感謝未來之城出版社團隊的參與。
葡萄丘將很久都會記得，這個夏季的某天，你們到蒙貝諾拔野藤、嘗美酒。

感謝「畫泡碼頭」漫畫節（位於聖瑪洛），及 Dominique Matteï 及 Una Volta 文化中心團隊（位於巴斯提亞）。

感謝儒伯‧樂華與蘇菲‧樂華的細心閱讀。
他們對此書的完成貢獻良多。

也要感謝 Imanol Garay、Pascal Marquet、Thierry Atzori、Antoine Arena、Marc Delaunay 、François Delaunay、Nady Foucault、René Mosse、Mark Angeli、Joël Ménard 、 2010年的葡萄採收團隊，以及把布哈森斯的歌曲唱得荒腔走板的人。

第156頁「露西隆」的「懸浮的森林」是根據 Jeff Rabillon 的照片所畫。

感謝出版界的「特級酒莊」Claude Gendrot 。

我要再次衷心感謝 Françoise Ray，感謝她不可或缺的支持。

最後要感謝理查‧樂華，他嚴格遵守我們的約定，遠超過我的期待。

É.D.

RICHARD LEROY

Art 23

作者 | 艾堤安 ‧ 達文多（Étienne Davodeau）
譯者 | 陳蓁美
字型設計 | 黃斐文
內頁排版 | 謝青秀
特約編輯 | 余鎧瀚

總編輯 | 賴淑玲
社長 | 郭重興
發行人兼出版總監 | 曾大福
出版者 | 大家出版
發行 | 遠足文化事業股份有限公司
231 新北市新店區民權路 108-4 號 8 樓
電話　(02)2218-1417　　傳真　(02)2218-8057
劃撥帳號　19504465　　戶名　遠足文化事業股份有限公司
印製 | 中原造像股份有限公司　　電話 (02)2226-9120
法律顧問 | 華洋國際專利商標事務所　蘇文生律師
定價 | 500 元
初版一刷 | 2017 年 5 月

© Futuropolis, Paris, 2011

國家圖書館出版品預行編目 (CIP) 資料

無知者：漫畫家與釀酒師為彼此啟蒙的故事 / 艾堤安‧達
文多（Étienne Davodeau）作 ; 陳蓁美譯 .– 初版 .– 新北市 :
大家出版 : 遠足文化發行 , 2017.05
面；　公分 .–（Art ; 22）
譯自 : Les ignorants : récit dune initiation croisée
ISBN 978-986-94603-0-9（平裝）

1. 葡萄酒 2. 漫畫

463.814　　　　　　　　　　　　　　　　106003927